战略前沿新技术
——太赫兹出版工程
丛书总主编／曹俊诚

上海出版资金项目
Shanghai Publishing Funds

冯志红等／著

太赫兹固态电子器件与电路

Terahertz Solid State Electronic Devices and Circuits

华东理工大学出版社
EAST CHINA UNIVERSITY OF SCIENCE AND TECHNOLOGY PRESS
·上海·

图书在版编目(CIP)数据

太赫兹固态电子器件与电路 / 冯志红等著. —上海：
华东理工大学出版社,2020.10
战略前沿新技术：太赫兹出版工程 / 曹俊诚总主编
ISBN 978 - 7 - 5628 - 6065 - 5

Ⅰ. ①太…　Ⅱ. ①冯…　Ⅲ. ①电磁辐射-研究②电子
器件-研究③电子电路-研究　Ⅳ. ①O441.4②TN

中国版本图书馆 CIP 数据核字(2020)第 176209 号

内 容 提 要

本书主要介绍了太赫兹固态电子器件与电路。全书共分 6 章,第 1 章为太赫兹固态电子技术简介,涉及太赫兹的概念、太赫兹波的产生和探测方法、太赫兹固态电子元器件发展现状和发展趋势;第 2 章系统介绍了太赫兹肖特基二极管技术;第 3 章详细介绍了太赫兹负阻器件;第 4 章为太赫兹固态放大器;第 5 章介绍了太赫兹固态电子测试技术;第 6 章介绍了新型太赫兹固态器件。

本书可作为太赫兹领域科研人员和相关学科研究生的参考书和工具书,亦可供有关工程技术人员参考。

项目统筹 / 马夫娇　韩　婷

责任编辑 / 韩　婷

装帧设计 / 陈　楠

出版发行 / 华东理工大学出版社有限公司
　　　　　　地址：上海市梅陇路 130 号,200237
　　　　　　电话：021 - 64250306
　　　　　　网址：www.ecustpress.cn
　　　　　　邮箱：zongbianban@ecustpress.cn

印　　刷 / 上海雅昌艺术印刷有限公司
开　　本 / 710mm×1000mm　1/16
印　　张 / 16.25
字　　数 / 228 千字
版　　次 / 2020 年 10 月第 1 版
印　　次 / 2020 年 10 月第 1 次
定　　价 / 278.00 元

　　太赫兹是频率在红外光与毫米波之间、尚有待全面深入研究与开发的电磁波段。沿用红外光和毫米波领域已有的技术,太赫兹频段电磁波的研究已获得较快发展。不过,现有的技术大多处于红外光或毫米波区域的末端,实现的过程相当困难。随着半导体、激光和能带工程的发展,人们开始寻找研究太赫兹频段电磁波的独特技术,掀起了太赫兹研究的热潮。美国、日本和欧洲等国家和地区已将太赫兹技术列为重点发展领域,资助了一系列重大研究计划。尽管如此,在太赫兹频段,仍然有许多瓶颈需要突破。

　　作为信息传输中的一种可用载波,太赫兹是未来超宽带无线通信应用的首选频段,其频带资源具有重要的战略意义。掌握太赫兹的关键核心技术,有利于我国抢占该频段的频带资源,形成自主可控的系统,并在未来 6G 和空-天-地-海一体化体系中发挥重要作用。此外,太赫兹成像的分辨率比毫米波更高,利用其良好的穿透性有望在安检成像和生物医学诊断等方面获得重大突破。总之,太赫兹频段的有效利用,将极大地促进我国信息技术、国防安全和人类健康等领域的发展。

　　目前,国内外对太赫兹频段的基础研究主要集中在高效辐射的产生、高灵敏度探测方法、功能性材料和器件等方面,应用研究则集中于安检成像、无线通信、生物效应、生物医学成像及光谱数据库建立等。总体说来,太赫兹技术是我国与世界发达国家差距相对较小的一个领域,某些方面我国还处于领先地位。因此,进一步发展太赫兹技术,掌握领先的关键核心技术具有重要的战略意义。

　　当前太赫兹产业发展还处于创新萌芽期向成熟期的过渡阶段,诸多技术正处于在蓄势待发状态,需要国家和资本市场增加投入以加快其产业化进程,并在一些新兴战略性行业形成自主可控的核心技术、得到重要的系统应用。

"战略前沿新技术——太赫兹出版工程"是我国太赫兹领域第一套较为完整的丛书。这套丛书内容丰富,涉及领域广泛。在理论研究层面,丛书包含太赫兹场与物质相互作用、自旋电子学、表面等离激元现象等基础研究以及太赫兹固态电子器件与电路、光导天线、二维电子气器件、微结构功能器件等核心器件研制;技术应用方面则包括太赫兹雷达技术、超导接收技术、成谱技术、光电测试技术、光纤技术、通信和成像以及天文探测等。丛书较全面地概括了我国在太赫兹领域的发展状况和最新研究成果。通过对这些内容的系统介绍,可以清晰地透视太赫兹领域研究与应用的全貌,把握太赫兹技术发展的来龙去脉,展望太赫兹领域未来的发展趋势。这套丛书的出版将为我国太赫兹领域的研究提供专业的发展视角与技术参考,提升我国在太赫兹领域的研究水平,进而推动太赫兹技术的发展与产业化。

我国在太赫兹领域的研究总体上仍处于发展中阶段。该领域的技术特性决定了其存在诸多的研究难点和发展瓶颈,在发展的过程中难免会遇到各种各样的困难,但只要我们以专业的态度和科学的精神去面对这些难点、突破这些瓶颈,就一定能将太赫兹技术的研究与应用推向新的高度。

中国科学院院士

2020 年 8 月

太赫兹频段介于毫米波与红外光之间,频率覆盖 0.1～10 THz,对应波长 3 mm～30 μm。长期以来,由于缺乏有效的太赫兹辐射源和探测手段,该频段被称为电磁波谱中的"太赫兹空隙"。早期人们对太赫兹辐射的研究主要集中在天文学和材料科学等。自 20 世纪 90 年代开始,随着半导体技术和能带工程的发展,人们对太赫兹频段的研究逐步深入。2004 年,美国将太赫兹技术评为"改变未来世界的十大技术"之一;2005 年,日本更是将太赫兹技术列为"国家支柱十大重点战略方向"之首。由此世界范围内掀起了对太赫兹科学与技术的研究热潮,展现出一片未来发展可期的宏伟图画。中国也较早地制定了太赫兹科学与技术的发展规划,并取得了长足的进步。同时,中国成功主办了国际红外毫米波-太赫兹会议(IRMMW‐THz)、超快现象与太赫兹波国际研讨会(ISUPTW)等有重要影响力的国际会议。

太赫兹频段的研究融合了微波技术和光学技术,在公共安全、人类健康和信息技术等诸多领域有重要的应用前景。从时域光谱技术应用于航天飞机泡沫检测到太赫兹通信应用于多路高清实时视频的传输,太赫兹频段在众多非常成熟的技术应用面前不甘示弱。不过,随着研究的不断深入以及应用领域要求的不断提高,研究者发现,太赫兹频段还存在很多难点和瓶颈等待着后来者逐步去突破,尤其是在高效太赫兹辐射源和高灵敏度常温太赫兹探测手段等方面。

当前太赫兹频段的产业发展还处于初期阶段,诸多产业技术还需要不断革新和完善,尤其是在系统应用的核心器件方面,还需要进一步发展,以形成自主可控的关键技术。

这套丛书涉及的内容丰富、全面,覆盖的技术领域广泛,主要内容包括太赫兹半导体物理、固态电子器件与电路、太赫兹核心器件的研制、太赫兹雷达技术、超导接收技术、成谱技术以及光电测试技术等。丛书从理论计算、器件研制、系统研发到实际应用等多方面、全方位地介绍了我国太赫兹领域的研究状况和最新成果，清晰地展现了太赫兹技术和系统应用的全景，并预测了太赫兹技术未来的发展趋势。总之，这套丛书的出版将为我国太赫兹领域的科研工作者和工程技术人员等从专业的技术视角提供知识参考，并推动我国太赫兹领域的蓬勃发展。

太赫兹领域的发展还有很多难点和瓶颈有待突破和解决，希望该领域的研究者们能继续发扬一鼓作气、精益求精的精神，在太赫兹领域展现我国家科研工作者的良好风采，通过解决这些难点和瓶颈，实现我国太赫兹技术的跨越式发展。

中国工程院院士

2020 年 8 月

太赫兹领域的发展经历了多个阶段,从最初为人们所知到现在部分技术服务于国民经济和国家战略,逐渐显现出其前沿性和战略性。作为电磁波谱中最后有待深入研究和发展的电磁波段,太赫兹技术给予了人们极大的愿景和期望。作为信息技术中的一种可用载波,太赫兹频段是未来超宽带无线通信应用的首选频段,是世界各国都在抢占的频带资源。未来 6G、空-天-地-海一体化应用、公共安全等重要领域,都将在很大程度上朝着太赫兹频段方向发展。该频段电磁波的有效利用,将极大地促进我国信息技术和国防安全等领域的发展。

与国际上太赫兹技术发展相比,我国在太赫兹领域的研究起步略晚。自2005 年香山科学会议探讨太赫兹技术发展之后,我国的太赫兹科学与技术研究如火如荼,获得了国家、部委和地方政府的大力支持。当前我国的太赫兹基础研究主要集中在太赫兹物理、高性能辐射源、高灵敏探测手段及性能优异的功能器件等领域,应用研究则主要包括太赫兹安检成像、物质的太赫兹"指纹谱"分析、无线通信、生物医学诊断及天文学应用等。近几年,我国在太赫兹辐射与物质相互作用研究、大功率太赫兹激光源、高灵敏探测器、超宽带太赫兹无线通信技术、安检成像应用以及近场光学显微成像技术等方面取得了重要进展,部分技术已达到国际先进水平。

这套太赫兹战略前沿新技术丛书及时响应国家在信息技术领域的中长期规划,从基础理论、关键器件设计与制备、器件模块开发、系统集成与应用等方面,全方位系统地总结了我国在太赫兹源、探测器、功能器件、通信技术、成像技术等领域的研究进展和最新成果,给出了上述领域未来的发展前景和技术发展趋势,将为解决太赫兹领域面临的新问题和新技术提供参考依据,并将对太赫兹技术的产业发展提供有价值的参考。

本人很荣幸应邀主编这套我国太赫兹领域分量极大的战略前沿新技术丛书。丛书的出版离不开各位作者和出版社的辛勤劳动与付出，他们用实际行动表达了对太赫兹领域的热爱和对太赫兹产业蓬勃发展的追求。特别要说的是，三位丛书顾问在丛书架构、设计、编撰和出版等环节中给予了悉心指导和大力支持。

这套该丛书的作者团队长期在太赫兹领域教学和科研第一线，他们身体力行、不断探索，将太赫兹领域的概念、理论和技术广泛传播于国内外主流期刊和媒体上；他们对在太赫兹领域遇到的难题和瓶颈大胆假设，提出可行的方案，并逐步实践和突破；他们以太赫兹技术应用为主线，在太赫兹领域默默耕耘、奋力摸索前行，提出了各种颇具新意的发展建议，有效促进了我国太赫兹领域的健康发展。感谢我们的丛书编委，一支非常有责任心且专业的太赫兹研究队伍。

丛书共分 14 册，包括太赫兹场与物质相互作用、自旋电子学、表面等离激元现象等基础研究，太赫兹固态电子器件与电路、光导天线、二维电子气器件、微结构功能器件等核心器件研制，以及太赫兹雷达技术、超导接收技术、成谱技术、光电测试技术、光纤技术及其在通信和成像领域的应用研究等。丛书从理论、器件、技术以及应用等四个方面，系统梳理和概括了太赫兹领域主流技术的发展状况和最新科研成果。通过这套丛书的编撰，我们希望能为太赫兹领域的科研人员提供一套完整的专业技术知识体系，促进太赫兹理论与实践的长足发展，为太赫兹领域的理论研究、技术突破及教学培训等提供参考资料，为进一步解决该领域的理论难点和技术瓶颈提供帮助。

中国太赫兹领域的研究仍然需要后来者加倍努力，围绕国家科技强国的战略，从"需求牵引"和"技术推动"两个方面推动太赫兹领域的创新发展。这套丛书的出版必我国太赫兹领域的基础和应用研究产生积极推动作用。

曹俊诚

2020 年 8 月于上海

前　言

　　太赫兹技术在过去的十多年间取得了巨大的发展,使其在高灵敏探测、高分辨率成像、6G通信等领域显示出广泛的应用潜力,受到了世人的关注,多个科技强国纷纷将太赫兹科学列为前沿战略科技方向。

　　太赫兹固态电子器件与电路由于功率高、体积小、重量轻,成了太赫兹系统中必不可少的组成部分。更高频率、更大功率和更高灵敏度是太赫兹固态电子技术发展的永恒主题,也是国际新频谱波段的战略资源。太赫兹固态器件正处于新材料、新工艺和新频段的快速发展阶段。目前国内外有诸多的科研机构和公司开展了太赫兹固态方面的研究,并在一些关键性指标方面不断取得突破。随着开展太赫兹固态研究的单位越来越多,迫切地需要相关的科研人员和工程技术人员熟悉太赫兹固态电子器件制造与电路设计的基础知识。

　　本书共分6章,每章最后列有相关参考文献以供技术人员进一步查阅更详细的资料。第1章是太赫兹固态电子技术简介,由梁士雄和徐鹏共同编写,简要介绍了太赫兹的概念、太赫兹波的产生和探测方法、太赫兹固态电子元器件发展现状和发展趋势。第2章是太赫兹肖特基二极管技术,由赵向阳和邢东共同编写,论述了太赫兹肖特基二极管的基本原理、工艺制备、器件建模等内容,并介绍了倍频电路、混频电路、检波电路等太赫兹肖特基二极管的典型应用电路。第3章是太赫兹负阻器件,由梁士雄编写,论述了太赫兹共振隧穿二极管和耿氏二极管的基本概念、物理模型、设计、制备等方面的内容,并介绍了一些常见的太赫兹负阻器件的应用。第4章是太赫兹固态放大器,由张立森编写,主要介绍了太赫兹晶体管、太赫兹固态低噪声放大器、太赫兹固态功率放大器的特性和设计。第 5 章是太赫兹固态电子测试技术,由徐鹏编写,主要介绍了太赫兹固态电子器件直流测试、小信号 S 参数测试与校准方法、固态模块测试等方面。第 6 章是新型太赫兹固态器件,由郭艳敏、王元刚、蔚翠、吕元杰联合编写,主要介绍了基于氮化镓和石墨烯的太赫兹器件与电路。本书的最后列有本书关键词,有助于工程技术人员加强对太赫兹固态电子器件与电路的理解,以供阅读时参考。

希望本书的出版,能为从事太赫兹固态技术的工程技术人员提供有价值的参考,为我国太赫兹技术的发展提供一定程度的支持。由于编写时间限制以及本书作者水平所限,虽然付出了大量的辛勤努力,但是书中仍然难免有疏漏之处,恳请广大读者批评指正。

冯志红

2019 年 9 月

Contents

目 录

太赫兹
固态电子技术
简介

太赫兹电磁波位于红外与毫米波之间,图1-1是太赫兹波在电磁频谱中所处的位置示意图。用"太赫兹"这样的频率单位来命名一个频段是不多见的,但是"太赫兹"目前已成为该频段的象征性术语,已被大量地应用于相关科技文献中。频率为1 THz的电磁波对应的周期为1 ps、波长为300 μm、光子能量为4.1 meV,对应的温度为48 K。至今太赫兹频段的划定范围尚未有标准定义,学术界目前倾向于将太赫兹的广义频段为0.1～10 THz(1 THz=10^{12} Hz)。太赫兹波是不可见的,不过由于它在高频部分与红外频谱重合,因此能够感受到由太赫兹波产生出的热量。自然界中产生的太赫兹波充满了人类的生活空间。

太赫兹波的独特性质,使其在探测、成像、高速通信等领域具有广泛的应

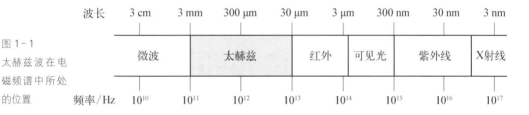

图1-1
太赫兹波在电磁频谱中所处的位置

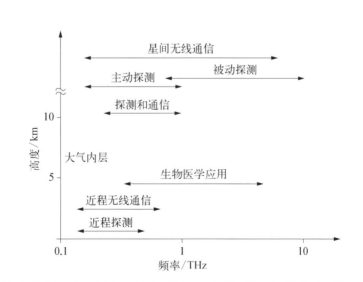

图1-2
不同频段太赫兹波在空间中的应用

用前景[1]，包括了从地面到太空的空间，如图 1-2 所示。这些应用都需要太赫兹固态电子器件与电路作为基础元件支撑。

1.1 太赫兹固态电子技术发展现状

多个科技强国纷纷将太赫兹科学列为前沿战略科技方向[2]。美国政府 2004 年就将太赫兹技术列为"改变未来世界的十大技术"之一。欧洲组织了跨国多学科参与的大型合作太赫兹研究项目。日本 2005 年将太赫兹科学列为"国家支柱十大战略目标之首"。国际上主要的太赫兹技术研究计划如表 1-1 所示，所涉及的应用系统基本是用太赫兹固态电子器件与电路来实现。

表 1-1 国际上主要的太赫兹技术研究计划

机 构	项目名称	时间	频率/THz	研 究 内 容
美国航空航天局	Aura MLS	2004	0.18、0.24、0.64	太赫兹外差式接收机，探测臭氧层和气候变化
美国国防高级研究计划局	TIFT	2002	0.56	大型多单元传感接收器焦平面阵列，用于太赫兹探测
	太赫兹电子学研究计划	2009	0.67、0.85	太赫兹功率源和太赫兹接收机
欧洲航天局	Planck	2009	0.1～0.85	太赫兹宇宙背景探测
	Herscher	2009	0.48～1.9	直接探测及外差式接收器，用于冷却式望远镜
欧盟	OPTHER	2008	>1	太赫兹技术在航天、安检及医药方面的应用前景
	TOSCA	2010	>1	满足太空应用的太赫兹接收机
	TERACOMP	2010	<1	满足应用的小体积太赫兹系统

我国在"十二五"期间就已经将太赫兹科学列为前沿发展方向之一，得到了科技部、国家自然科学基金委员会等相关部门的大力支持。中国电子学会

成立了太赫兹分会,建有专门的太赫兹网站,每年都举办全国太赫兹科学技术学术年会,并筹建了太赫兹科学与技术协同创新中心。许多高校和科研院所也成立了多个太赫兹技术研究中心,国际学术交流非常活跃[3]。

发展太赫兹技术需要解决两大基础问题:太赫兹信号的检测(太赫兹探测器)和太赫兹信号的产生(太赫兹源)。

太赫兹探测器可以分为两大类:非相干探测和外差探测。非相干探测仅测量辐射的强度,常用的非相干探测器为热敏元件,必须达到热平衡态才能获得测量温度,探测速度较慢。外差探测器由于速度快、精度高,并且在灵敏度、噪声等方面取得突破,得到了更大规模的应用。

太赫兹源的进展相对缓慢,目前缺少室温下的高效率、大功率、小体积、长寿命的太赫兹源,限制了太赫兹技术大规模应用。使得人们以"太赫兹源空隙(THz Gap)"来称呼电磁频谱上的太赫兹频段,如图1-3所示。

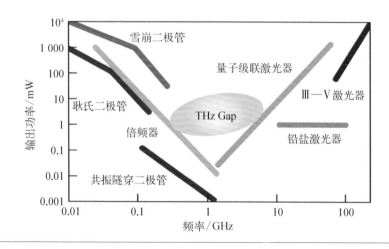

图1-3
太赫兹源空隙
(THz Gap)示
意图

使用半导体材料发展太赫兹固态电子技术是填补太赫兹源空隙的重要途径,常用半导体材料的电学参数如表1-2所示。由于GaAs(砷化镓)、InP(磷化铟)、GaN(氮化镓)等化合物半导体材料在电学特性方面的优势,使太赫兹固态电子技术有非常大的应用前景。

表 1-2

常用半导体材料的电学参数

	Si	GaAs	InP	GaN
禁带宽度/eV	1.12	1.43	1.34	3.4
二维电子气密度/cm^{-2}	—	2×10^{12}	2×10^{12}	1×10^{13}
电子饱和漂移速度$\times10^7$/(cm/s)	1	2.1	2.3	2.5
(二维)电子迁移率/$[cm^2/(V\cdot s)]$	1 500	8 500	15 000	2 200
热导率/$[W/(cm\cdot K)]$	1.5	0.5	0.7	1.3
临界击穿场强/(MV/cm)	0.3	0.4	0.5	3.3
介电常数	11.8	12.9	12.5	8.9
Johnson 优值指数(JFOM)	1.0	11	13	790
Baliga 优值指数(BHFM)	1.0	16	6.6	100

1.1.1 太赫兹固态源

太赫兹波频率非常高,以基波形式产生的太赫兹信号无法达到所需要的输出功率。需采用非线性器件产生的谐波,将高功率和高稳定度的较低频率固态源通过倍频的方式得到太赫兹信号。或者采用振荡器产生小功率太赫兹信号后,进入功率放大器得到大功率太赫兹信号。这些要基于太赫兹固态倍频器、振荡器、功率放大器来实现。

1. 太赫兹固态倍频器发展现状

国外开始研究较早,历经几十年的发展,美国弗尼吉亚二极管公司(VDI)、美国喷气推进实验室(JPL)、英国卢瑟福阿普尔顿国家实验室(RAL)、德国卡尔斯鲁厄理工大学和瑞典查尔姆斯大学等多家研究机构与高校,基于肖特基二极管在太赫兹固态倍频领域取得了较大进展。其中 VDI 公司实力最强,在 3.2 THz 以下实现了产品化,产品指标如图 1-4 所示。

2. 太赫兹固态功率放大器发展现状

太赫兹固态功率放大器的研究主要是基于 InP 三端固态器件展开。国际上做得比较好的单位主要有 Northrop Grumman 公司、Teledyne 公司等,目前

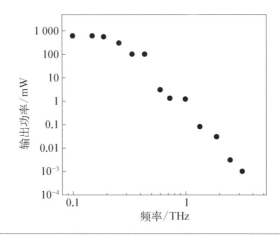

图 1-4
VDI 公司的倍频
器指标(数据来
自 VDI 公司[4])

最高工作频率做到了 850 GHz[5-9]，国际上各频段太赫兹功率放大器的输出功率指标如图 1-5 所示。

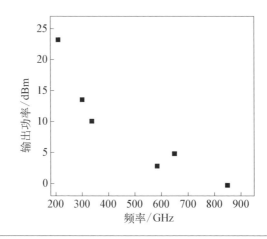

图 1-5
各频段太赫兹
功率放大器的
输出功率指标

3. 太赫兹固态振荡器发展现状

太赫兹固态振荡器主要是基于共振隧穿二极管 (Resonant Tunneling Diode，RTD) 和耿氏二极管实现，这两种二极管均基于隧穿原理工作。

（1）共振隧穿二极管

国外研究共振隧穿二极管的科研机构主要有日本东京工业大学、英国格拉斯哥大学、韩国科学技术院、德国达姆施塔特工业大学等。近年来,主要提高了 RTD 超晶格材料的外延生长质量,优化了关键工艺,目前基于 RTD 的太赫兹源最高工作频率达到了 1.92 THz,输出功率 0.4 μW[10-16]。同时采用 RTD 器件,进行了 300 GHz 和 500 GHz 通信演示验证,有望实现工程应用。

(2) 耿氏二极管

GaAs 耿氏二极管研究较为成熟,在 K 波段已经逐渐进入工程应用阶段。在太赫兹频段,在 200 GHz 可产生 3 mW 的输出功率,在 600 GHz 可产生 0.3 mW 的输出功率;其谐波辐射能够在 800 GHz~1.2 THz 下产生微米量级的输出功率。InP 基器件的谐波辐射能够在 400 GHz 产生微米量级的输出功率。

与以上两种材料相比,GaN 材料的品质因数更高,是 GaAs 材料的 50~100 倍。GaN 基器件的工作频率更高,理论预测可以产生 740~760 GHz 的负阻振荡频率。模拟结果显示 GaN 基器件的最高输出功率密度达到 105 W/cm^2,比 GaAs 基器件高两个数量级。近年来,随着 GaN 自支撑衬底质量的提高,同质外延工艺的优化,GaN 材料的缺陷密度显著下降,均预示着 GaN 耿氏二极管具有良好的发展前景。

1.1.2 太赫兹固态探测器

太赫兹固态探测器主要采用外差探测,具有速度快、精度高的特点。太赫兹外差探测器的核心部件是太赫兹低噪声放大器和混频器。太赫兹低噪声放大器可以将探测到的微弱的太赫兹信号进行放大,并滤除掉其他频率噪声的干扰。太赫兹混频器可以将太赫兹信号下混频至低频信号,通过对低频信号的分析实现太赫兹信号的探测。

1. 太赫兹固态低噪声放大器发展现状

在太赫兹固态低噪声放大器方面,国际上主流研究机构有 Northrop Grumman 公司、Teledyne 公司等,目前最高频率做到了 1.05 THz[17-20]。目前国际上各频段太赫兹低噪声放大器的噪声系数指标如图 1-6 所示。

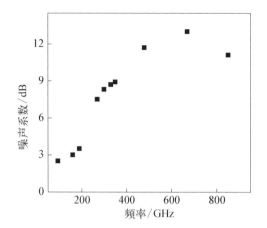

图 1-6
各频段太赫兹
低噪声放大器
的噪声系数指
标

2. 太赫兹混频器发展现状

为了实现更高频率的混频,并降低噪声。需要使二极管的截止频率尽可能的提高。提高截止频率需要降低结电容和结电阻。这就需要使肖特基二极管的阳极结面积尽可能地小,接触电阻率也需要尽可能的低,所以对二极管的工艺有特殊的要求。VDI公司在混频二极管方面有很深的技术积累,并基于自身研制的二极管开发了一系列混频器产品,频率能够覆盖到 1.4 THz,如图 1-7 所示。

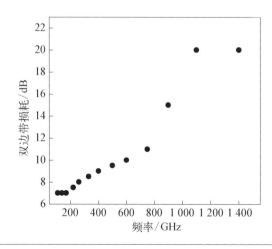

图 1-7
太赫兹频段混
频器变频损耗
指标(数据来
自 VDI 公司[4])

1.1.3　国内太赫兹固态技术

　　国内太赫兹固态技术的研究起步较晚,长期依赖国外芯片开展相关倍频器和混频器研究,模块性能和工作频率较低。2012 年,国内相关研究单位逐步突破了太赫兹肖特基二极管的关键技术,实现了太赫兹倍频和混频系列芯片,替代了进口,大大推动了国内太赫兹固态技术的发展[21-25]。太赫兹倍频器和混频器模块的性能指标逐步提升,低频段逐渐接近了国际水平。基于 InP 高电子迁移率晶体管(High Electron Mobility Transistor,HEMT)和异质结双极晶体管(Heterojunction Bipdar Transistor,HBT)技术突破,国内实现了太赫兹功率放大器和低噪声放大器单片集成电路,工作频率接近 300 GHz。在太赫兹等离子激元探测器、石墨烯太赫兹器件等方面也开展了探索研究。

1.2　太赫兹固态电子技术发展趋势

　　更高频率、更大功率和更高灵敏度是太赫兹固态电子技术发展的永恒主题,也是国际高科技发展的战略制高点之一,是新频谱波段的战略资源。太赫兹固态器件正处于新材料、新工艺和新频段的快速发展阶段。

　　基于肖特基二极管的太赫兹模块虽然已经取得了很大的成绩,但是目前也仅仅满足了太赫兹测试仪器和天文等方面的需求,距离太赫兹雷达和通信等系统的要求还甚远。近年来,呈现出高集成化和大功率的发展趋势,肖特基二极管器件性能将进一步优化。其核心是减少器件寄生参量,研究电子束曝光和深紫外光刻等微纳加工技术,实现更小的阳极结尺寸;研究衬底转移技术,从而达到提高其截止频率和高频传输特性的目的。太赫兹电路单片集成技术,是太赫兹二极管发展的重要趋势,可以使二极管芯片与电路制作的更紧凑,并且解决微小的肖特基二极管芯片与高精度封装难题,大大提高了器件的一致性。倍频器功率合成技术是另一个发展方向,采用在片合成、腔体内合成以及散热等多种技术实现更大的输出功率也是当前研究的热点之一。

　　功率放大器和低噪声放大器将向更高频率、更高集成度以及规模化方向

发展。对于传统 InP 基固态电子器件,减小栅长尺寸、衬底厚度和器件寄生效
应,是进一步提高器件工作频率的关键。在太赫兹电路设计方面,器件的精确
建模和高频电路精确仿真将对电路工作频率和效率的提高起着重要的作用。
同时随着 GaN 基新材料性能的提升,GaN 基的放大器将使太赫兹链路的整体
功率水平得到较大的提升,预计在 220 GHz 很快将实现大功率输出。

　　总之,随着半导体材料和器件工艺的发展,基于 GaN、石墨烯、金刚石和人
工电磁材料的新型固态器件不断涌现,三端及二端固态电子器件及电路的频
率和功率特性将不断提高,体积及功耗将不断降低,在太赫兹领域,特别是太
赫兹无线通信、太赫兹雷达等技术领域将起着越来越重要的作用。

参考文献

[1]　Koenig S, Lopez-Diaz D, Antes J, et al. Wireless sub-THz communication system
with high data rate[J]. Nature photonics, 2013, 7(12): 977 - 981.

[2]　Yeh K L, Hoffmann M C, Hebling J, et al. Generation of 10 μJ ultrashort
terahertz pulses by optical rectification[J]. Applied Physics Letters, 2007, 90
(17): 171121(1 - 3).

[3]　太赫兹研发网[EB/OL]. [2019 - 1 - 16]. http://www.thznetwork.org.cn.

[4]　VIRGINIA Diodes Inc. [EB/OL]. [2019 - 1 - 16]. http://www.virginiadiodes.com.

[5]　Griffith Z, Urteaga M, Rowell P, et al. A 23.2 dBm at 210GHz to 21.0 dBm at
235 GHz 16-way PA-cell combined InP HBT SSPA MMIC[C]//2014 IEEE
Compound Semiconductor Integrated Circuit Symposium (CSICS). IEEE, 2014:
1 - 4.

[6]　Seo M, Urteaga M, Hacker J, et al. A 600 GHz InP HBT amplifier using cross-
coupled feedback stabilization and dual-differential power combining[C]//2013
IEEE MTT - S International Microwave Symposium Digest (MTT). IEEE, 2013:
1 - 3.

[7]　Radisic V, Deal W R, Leong K M K H, et al. A 10 - mW submillimeter-wave
solid-state power-amplifier module[J]. IEEE Transactions on Microwave Theory
and Techniques, 2010, 58(7): 1903 - 1909.

[8]　Kim J, Jeon S, Kim M, et al. H-band power amplifier integrated circuits using
250 - nm InP HBT technology[J]. IEEE Transactions on Terahertz Science and

Technology, 2015, 5(2): 215 - 222.

[9]   Deal W R, Leong K, Zamora A, et al. Recent progress in scaling InP HEMT
      TMIC technology to 850 GHz[C]//2014 IEEE MTT - S International Microwave
      Symposium (IMS2014). IEEE, 2014: 1 - 3.

[10] Wang J, Ofiare A, Alharbi K, et al. MMIC resonant tunneling diode oscillators
      for THz applications [C]//2015 11th Conference on Ph. D. Research in
      Microelectronics and Electronics (PRIME). IEEE, 2015: 262 - 265.

[11] Wang J, Al-Khalidi A, Zhang C, et al. Resonant tunneling diode as high speed
      optical/electronic transmitter [C]//2017 10th UK-Europe-China Workshop on
      Millimetre Waves and Terahertz Technologies (UCMMT). IEEE, 2017: 1 - 4.

[12] Suzuki S, Shiraishi M, Shibayama H, et al. High-power operation of terahertz
      oscillators with resonant tunneling diodes using impedance-matched antennas and
      array configuration[J]. IEEE Journal of Selected Topics in Quantum Electronics,
      2012, 19(1): 8500108.

[13] Kasagi K, Oshima N, Suzuki S, et al. Power combination in 1 THz resonant-
      tunneling-diode oscillators integrated with patch antennas[J]. IEICE Transactions
      on Electronics, 2015, 98(12): 1131 - 1133.

[14] Kanaya H, Maekawa T, Suzuki S, et al. Structure dependence of oscillation
      characteristics of resonant-tunneling-diode terahertz oscillators associated with
      intrinsic and extrinsic delay times[J]. Japanese Journal of Applied Physics, 2015,
      54(9): 094103.

[15] Maekawa T, Kanaya H, Suzuki S, et al. Frequency increase in terahertz
      oscillation of resonant tunnelling diode up to 1.55 THz by reduced slot-antenna
      length[J]. Electronics Letters, 2014, 50(17): 1214 - 1216.

[16] Maekawa T, Kanaya H, Suzuki S, et al. Oscillation up to 1.92 THz in resonant
      tunneling diode by reduced conduction loss[J]. Applied Physics Express, 2016, 9
      (2): 024101.

[17] Samoska L A. An overview of solid-state integrated circuit amplifiers in the
      submillimeter-wave and THz regime[J]. IEEE Transactions on Terahertz Science
      and Technology, 2011, 1(1): 9 - 24.

[18] Deal W R, Leong K, Radisic V, et al. Low noise amplification at 0.67 THz using
      30 nm InP HEMTs[J]. IEEE Microwave and Wireless Components Letters,
      2011, 21(7): 368 - 370.

[19] Deal W R, Leong K, Mei X B, et al. Scaling of InP HEMT cascode integrated
      circuits to THz frequencies[C]//2010 IEEE Compound Semiconductor Integrated
      Circuit Symposium (CSICS). IEEE, 2010: 1 - 4.

[20] Mei X, Yoshida W, Lange M, et al. First demonstration of amplification at 1 THz
      using 25 - nm InP high electron mobility transistor process[J]. IEEE Electron

Device Letters，2015，36(4)：327 - 329.

[21] 杨大宝,王俊龙,邢东,等.基于平面 GaAs 肖特基二极管的 220 GHz 倍频器[J].半导体技术,2014,11：826 - 830.

[22] 何月,蒋均,陆彬,等.高效 170 GHz 平衡式肖特基二极管倍频器[J].红外与激光工程,2017,46(1)：210 - 217.

[23] 王俊龙,杨大宝,邢东,等.0.2 THz 宽带非平衡式倍频电路研究[J].红外与激光工程,2017,46(1)：116 - 119.

[24] 王俊龙,杨大宝,邢东,等.0.22 THz 宽带混频电路研究[J].红外与激光工程,2017,46(11)：145 - 148.

[25] 程伟,王元,孙岩,等.基于 InP DHBT 工艺的 140～220 GHz 单片集成放大器[J].固体电子学研究与进展,2015,5：101 - 104.

2

太赫兹
肖特基二极管技术

2.1　太赫兹肖特基二极管概况

肖特基势垒二极管基于金属-半导体接触特性制作而成。图 2-1 为经典的太赫兹肖特基二极管内部结构。在衬底上依次生长重掺杂的 n+(n 型指半导体掺杂材料为电子型,n+指重掺杂电子型半导体,n-指轻掺参电子型半导体,下同)缓冲层和轻掺杂的 n-外延层。其中缓冲层与金属形成阴极欧姆接触,外延层与金属形成阳极肖特基接触。

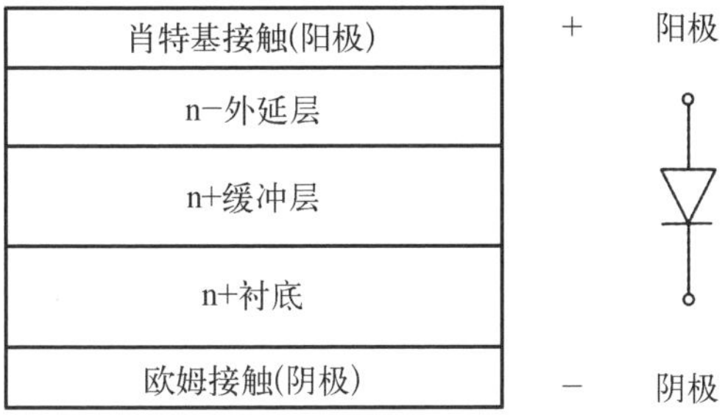

图 2-1
太赫兹肖特基
二极管内部
结构

肖特基接触(阳极)	＋	阳极
n-外延层		
n+缓冲层		
n+衬底		
欧姆接触(阴极)	－	阴极

肖特基二极管具有掺杂浓度较高的缓冲层,降低了阴极的欧姆接触电阻。阳极所用的材料一般为金或钼。与 pn 结二极管相比,肖特基二极管具有以下特点。

(1) 较低的反向耐压:二极管的势垒高度比 pn 结二极管低,势垒高度较低使得肖特基二极管的反向击穿电压较低。该特点使肖特基二极管可在高频、低压电路中具有整流功能,使其在混频器以及检波器等太赫兹系统中有广泛的应用。

(2) 较短的反向恢复时间:在 pn 结二极管中,反向恢复过程以及少数载流子的寿命是采用渡越时间进行表征,属于少数载流子工作器件。与之不同的是,肖特基二极管属于多数载流子器件,其反向恢复时间只涉及肖特基势垒电容的充、放电时间,因此开关速度比较短,插入损耗也比较小,适用于高频电路中。

目前开展太赫兹肖特基二极管研究的机构主要包括国外的美国弗吉尼亚二极管公司(VDI)、美国喷气推进实验室(JPL)、英国卢瑟福阿普尔顿国家实验室(RAL)以及国内的中国电子科技集团公司第十三研究所(下文简称中国电科 13 所)、中国科学院微电子研究所以及中国工程物理研究院等。

VDI 公司在太赫兹二极管方面的研究基础上,开发出一系列可应用于太赫兹频段模块及组件的平面型肖特基二极管（图2-2）。从结构上看，二极管由半绝缘砷化镓（GaAs）衬底、重掺杂 n+层和轻掺杂 n−层、深槽沟道等部分组成。这种设计和加工技术在保证了系统集成的同时，最大限度地降低了二极管的寄生电容，使得工作频率大幅度提高，目前 VDI 公司报道的器件工作频率已达 3.1 THz[1]。

图2-2
VDI 公司开发的平面型肖特基二极管[1]

美国喷气推进实验室研制的太赫兹肖特基二极管主要应用于天文观测领域。他们基于单片薄膜工艺，改进了二极管结构。在一层厚度大约为 3 μm 的砷化镓薄膜上制作肖特基二极管，并且去除了器件周围的衬底薄膜，极大程度地减小了电路损耗。这种方法采用薄膜集成工艺，极大程度地缩小了器件的尺寸，提高了肖特基二极管的截止频率[2]。

英国卢瑟福阿普尔顿国家实验室研制的太赫兹肖特基二极管，同样采用空气桥技术减小寄生电容。从提高工作频率的角度出发，同样采用 JPL 实验室开发的单片薄膜二极管工艺，目前报道的二极管已将工作频段延伸至 2.5 THz[3]。

2012年中国电科 13 所邢东等开发了阳极端点支撑式悬浮空气桥技术，该技术大幅降低了 GaAs 肖特基二极管的寄生电容，研制出可应用于 500 GHz 太赫兹矢量网络分析仪的 GaAs 肖特基二极管[4]，如图 2-3 所示。中国工程物

图2-3
中国电科 13 所研制的肖特基二极管[4]

理研究院以及中国科学院微电子研究所也开展了太赫兹肖特基二极管的设计技术以及制备工艺研究，并在模块中做了相应验证[5,6]。

2.1.1 基本原理

1. 金属-半导体接触

肖特基接触和欧姆接触是构成肖特基二极管的重要部分，也是开展金属-半导体(MS)接触研究探究肖特基二极管工作特性的前提。

(1) 金属-半导体的功函数

在金属中，电子分布受金属费米能级(E_{Fm})的影响，在绝对零度的温度下，电子完全填充费米能级以下的能级，当温度从绝对零度开始上升时，电子由费米能级以下的能级向上跃迁。图2-4为半导体电

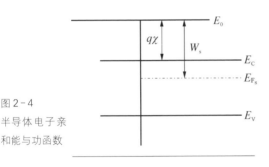

图2-4
半导体电子亲和能与功函数

子亲和能与功函数的示意图。图中，E_0为真空中静止电子的能量；$q\chi$为电子亲和势；q为单位电荷电量；W_s为半导体的功函数；E_{Fs}为半导体费米能级；E_C为导带底能量；E_V为价带顶能量。

(2) 接触电势差

金属与半导体接触(金-半接触)中，由于金属的费米能级E_{Fs}低于半导体的费米能级E_{Fs}，电子将由半导体侧流向金属侧，从而导致金-半接触的金属表面表现出负的电特性，半导体表面表现出正的电特性，当两种电特性慢慢接近，在金半接触的表面会形成统一费米能级E_F。由于接触表面两边分别带有等量的正负电荷，金-半接触内部会存在内建电势差，形成内建电场分布。

当金属与半导体两者的距离逐渐减小时，自由电子随着金属与半导体两者距离的减小，在空间电场的作用下由半导体一侧逐渐流向金属一侧，从而使得半导体表面单位面积上的正电荷数目增多，而与之对应的金属表面上，单位面积负电荷数目增加，这样就形成了空间电荷区。空间电荷区产生区内电场，使得内部和表面之间产生了电势差，能带发生弯曲。

当金属与半导体的间距趋近于零时,位于半导体一侧的电子将会很容易的流向金属,此时电势差基本上可以利用空间电荷区的电势降进行表征。而当金属与半导体完全接触时,电势降就变为零,此时两者功函数的差值为势垒高度的值。

对于 n 型掺杂的肖特基二极管,在金-半接触的界面处,由于半导体的功函数要比金属小,在空间电荷区,受接触电势差的作用,半导体的能带在电场中向上弯曲,阻碍了此区域内电子的运动,称之为阻挡层。

(3) 表面态对势垒高度的影响

根据势垒高度产生的原因可知,同一种半导体和不同的金属进行接触会产生不同的势垒高度。材料的不同是影响势垒高度的重要因素。此外半导体表面存在着两种主要的表面态,分别为受主表面态以及施主表面态。受主表面态指的是当空的时候显示电中性,而接受电子以后带负电;施主表面态是指被电子占据时呈现电中性,而在释放电子后带正电。表面态会对势垒产生重要的影响,当其密度较高时,势垒高度将会完全由表面性质决定。

2. 金属-半导体接触的分类

肖特基接触以及欧姆接触是金-半接触的两种主要形式。在两者中,肖特基接触具有整流特性和较高的势垒高度,可以应用在各种检波以及整流器件中。欧姆接触则类似于电阻,并不具备整流特性,对载流子浓度的影响较小。

(1) 肖特基接触

图 2-5 所示为 n 型半导体与金属从分离到接触的能带关系示意图。若将两者连通为一个整体,半导体侧的电子将流向金属。此时金属费米能级相对升高,半导体的费米能级相对降低。

图中,q 为单位电荷电量;$q\phi_m$ 为金属功能函数;ϕ_{Bn} 为金属与 n 型半导体接触时的势垒高度;$q\chi$ 为电子亲和势;$q(\chi + \phi_{Bn})$ 为半导体功函数。与 pn 结类似,当金属和 n 型半导体的间距逐渐缩小时,金属表面和半导体表面积累的电荷数逐渐增多。当两者完全接触,此时势垒高度可以表示为

图 2-5
(a) 接触前的金
属及半导体的能
带图 (b) 理想的
金属与 n 型半导
体结

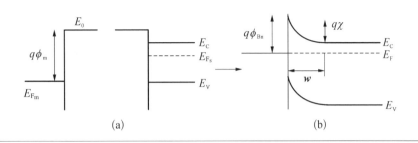

$$q\phi_{Bn} = q(\phi_m - \chi) \qquad (2-1)$$

同理,假设金属与 p 型半导体完全接触,此时的势垒高度可以表示为

$$q\phi_{Bp} = E_g - q(\phi_m - \chi) \qquad (2-2)$$

由式(2-2)可知,对于一个金-半接触而言,其禁带宽度(E_g)的值等于两者的势垒高度之和,即

$$E_g = q\phi_{Bn} + q\phi_{Bp} \qquad (2-3)$$

① 肖特基势垒的形成:在金-半接触中,在半导体表面的空间电荷区的作用下,电场由半导体一侧指向金属侧的电场,对于进一步流入金属的载流子起到了阻碍作用。肖特基接触的整流作用是由于外加正向电压,势垒会下降;外加反向电压,势垒会增高。肖特基的势垒高度等于金属以及半导体两者费米能级之间的差值。

肖特基势垒高度由半导体侧的空间电荷区决定。在肖特基接触中,除了功函数之外,势垒高度受到诸多因素影响,包括镜像力、隧道效应以及表面态温度等。这些因素众多,并且尚不能对其进行准确的测试,目前肖特基接触势垒高度的提取一般是利用常规的半导体参数分析仪进行电流-电压(I-V)或电容-电压(C-V)测试,并对测试曲线进行拟合。

② 镜像力:根据电磁学理论,在理想状态下,当一个真空中的电子位于金属距离 x 处时,在金属内部距离表面$-x$ 处的位置会产生一个感应电荷,两电荷之间产生一个吸引力即为镜像力。同理在电场作用下,在金-半接触中会产

生与空间电荷区对应的镜像感生电荷,同时会产生镜像力。在肖特基接触中,镜像力会导致肖特基势垒高度降低。其可写为

$$F = \frac{-q^2}{4\pi\varepsilon_0 (2x)^2} = \frac{-q^2}{16\pi\varepsilon_0 x^2} \qquad (2-4)$$

式中,ε_0 为真空介电常数,由镜像力引起的势垒降低量为

$$\Delta\phi = \sqrt{\frac{q|E|}{4\pi\varepsilon_0}} \qquad (2-5)$$

式中,E 为电场。

③ 隧道效应:根据量子力学理论,单个电子即使其能量比势垒高度低,同样有概率会穿过势垒,这一现象称为隧穿效应。隧穿概率是一个受势垒高度以及电子能量等因素影响的值,量子隧穿效应同样会导致势垒高度的降低,可以表示为

$$q\Delta\phi = \left[\frac{2q^3 N_D}{\varepsilon_r \varepsilon_0}(V_D - V)\right]^{1/2} x_c \qquad (2-6)$$

式中,N_D 为施主杂质浓度;ε_r 为半导体的相对介电常数;V_D 为肖特基结两侧的接触电势差;V 为外加偏置电压;x_c 为临界势垒宽度。

由上式可知,随着反偏电压逐渐增加,隧穿效应越发明显,势垒高度逐渐降低。

(2) 欧姆接触

良好的欧姆接触不会影响半导体内部载流子数目,对电子的阻碍作用小。但欧姆接触的质量对于二极管电学特性有重要的影响,较差的欧姆接触会严重干扰器件的 $I-V$ 特性。

3. 肖特基接触的电流输运理论

在电学行为方面,肖特基二极管属于多数载流子器件,由多数载流子完成输运,响应速度快。因此肖特基二极管可以用开电荷存储器件。肖特基二极管内部具有较大的热电子发射效应,以及相对较小内建电势。

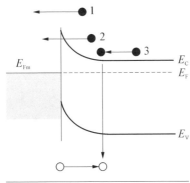

图 2 - 6

肖特基接触的
正向电流输运
过程:

1—热电子发射
(TE)过程;2—隧
穿电流(TU)过
程;3—产生和复
合电流(GR)过程

肖特基接触的正向电流输运过程有:热电子发射(Thermionic Emission, TE)过程,隧穿电流(Tunneling Current, TU)过程,产生和复合电流(Generation and Recombination, GR)过程,如图 2 - 6 所示。

(1)热电子发射

当电子的能量足够大时,金属一侧的电子可以越过势垒到达半导体,半导体内部的电子也可以越过势垒到达金属。这一过程即为热电子发射过程[2]。热电子发射电流的数值由载流子数和势垒高度值共同决定。

假设在半导体中,单位体积内能量处在 $E \sim (E + \mathrm{d}E)$ 内的电子数目为

$$\mathrm{d}n = \frac{(2m^*)^{3/2}}{2\pi^2 \hbar^3}(E - E_c)^{1/2}\exp\left(-\frac{E - E_F}{kT}\right)\mathrm{d}E \qquad (2 - 7)$$

式中,m^* 为电子有效质量;$\hbar$ 为约化普朗克常数;k 为玻耳兹曼常数;T 为绝对温度。

则从半导体流入到金属的电流密度为

$$J_{s \to m} = A^* T^2 \exp\left(-\frac{q\phi_{Bn}}{kT}\right)\exp\left(\frac{qV}{kT}\right) \qquad (2 - 8)$$

式中,A^* 为有效理查逊常数,其表达式为 $A^* = \dfrac{qm^* k^2}{2\pi^2 \hbar^3}$。

由于外加电压并不会影响金-半接触的势垒高度,所以上式所得的电流密度为一定值,与零外置偏压下金属到半导体的电流密度大小相等,方向相反。此时,包含了这两者的总的电流密度为

$$J_{s \to m} = A^* T^2 \exp\left(-\frac{q\phi_{Bn}}{kT}\right)\left[\exp\left(\frac{qV}{kT}\right) - 1\right] \qquad (2 - 9)$$

式中,V 为外加偏置电压。

（2）隧穿电流

通常,隧穿机制对于电流密度的影响较小,但是在低温或重掺杂下,这一因素会变得非常明显。此时隧穿概率以及电子占据半导体中能级的概率会影响电流密度,则隧穿电流的电流密度表达式如下

$$J_{s \rightarrow m} = \frac{A^* T^2}{kT} \int_{E_F}^{q\phi_{bn}} F_s T(E) (1 - F_m) \mathrm{d}E \qquad (2-10)$$

式中,F_m 为金属的费米-狄拉克分布函数;F_s 为半导体的费米-狄拉克分布函数;$T(E)$ 为与势垒厚度有关的隧穿概率。

总电流的表达式为

$$J = J_t \left[\exp\left(\frac{qV}{\eta kT}\right) - 1 \right] \qquad (2-11)$$

式中,η 为理想因子;J_t 为零偏压下的饱和电流密度,其表达式为

$$J_t = q \nu_D D \exp\left(-\frac{qV_k}{E_0}\right) \qquad (2-12)$$

式中,ν_D 为德拜频率;qV_k 为扩散势垒;D 为有效缺陷态密度。

式(2-11)中,理想因子 η 用来描述肖特基接触的理想程度,其大小介于 1~2。受到二极管实际工艺的影响,在生长过程中,半导体内部会有一些多余的杂质和缺陷,这些杂质或缺陷会成为复合中心,俘获空穴或电子。在电子和空穴发生复合时,相应的会产生载流子移动,产生复合电流。当二极管势垒区的额外杂质和缺陷数目较多时,复合中心数目较多,复合现象较为明显,复合电流也较大,当势垒区以复合电流为主,扩散电流为零时,理想因子 η 的值等于 2,当势垒区不包含缺陷时,复合电流为零,此时理想因子 η 值等于 1。

一般在低温和重掺杂时,考虑隧道效应,理想因子 η 值由下式表征：

$$\eta = \left\{ kT \left(\frac{\tanh\left(\dfrac{E_{00}}{kT}\right)}{E_{00}} - \frac{1}{2E_B} \right) \right\}^{-1} \qquad (2-13)$$

式中，$E_{00}=18.5\times10^{-12}\sqrt{\dfrac{N_{\mathrm{D}}}{m_{\mathrm{e}}^{*}\varepsilon_{\mathrm{r}}}}$，为材料常数，其中，$N_{\mathrm{D}}$ 为施主杂质浓度，m_{e}^{*} 为电子相对有效质量，ε_{r} 为半导体的相对介电常数；E_{B} 为能带弯曲产生的修正项。

（3）产生和复合电流

在正向偏压下，金-半接触所形成的势垒区有产生和复合（GR）两种电流。根据产生复合输运过程，金-半接触界面的 I-V 关系为

$$I=I_{\mathrm{GR}}\left\{\exp\left[\frac{q(V-IR_{\mathrm{S}})}{2kT}\right]-1\right\} \qquad (2-14)$$

式中，R_{S} 为串联电阻；$I_{\mathrm{GR}}=\dfrac{qn_{\mathrm{i}}W_{\mathrm{d}}}{2\tau}$，是 GR 机制中零偏压下的饱和电流，其中，$n_{\mathrm{i}}$ 为本征载流子浓度，W_{d} 为耗尽层宽度，τ 为载流子寿命。

2.1.2　工作特性

在实际的电路工作中，需要对肖特基二极管的等效电路以及电参数做定量分析。探究一个肖特基二极管的工作特性，可以从正向压降、正向电流、反向电压、漏电流以及动态电阻等直流参数入手。

正向压降：当二极管处于正向偏置时，即外偏压由阳极指向阴极。当正向偏压较小时，二极管处于未导通状态。电压大于正向导通电压值后，电流在电压的作用下急剧增加。此时，导通电压基本不变，被称为正向压降。

正向电流：在实际的工作中，当电流流过二极管管结处时会产生热量，过大的正向电流会导致管结过热，从而导致器件失效甚至损坏。因此需要给二极管确定一个容许的工作电流值，以保护器件处于正常工作区间。

最大反向工作电压：二极管稳定工作同样要设定一个最大允许反向外置偏压，防止二极管被反向电压击穿而损坏。当反向击穿发生后，肖特基二极管的反向电流会急剧增加，当反向击穿较为严重时，会使器件失去整流特性，导致损坏。因此，同样需要确定最大反向电压，保护器件正常工作。

漏电流:二极管处于反向偏置的截止状态时,少数载流子的漂移运动会导致微小的漏电流。漏电流的剧增会导致器件过热。

动态电阻:在肖特基接触作用下,二极管的 I-V(电流-电压)特性曲线呈现出非线性,其电阻值也并非恒定的,而是一个与外置偏压有关的动态值,表征了器件电流在外偏压下的变化趋势。在获取某点的动态电阻时,一般取该点的切线斜率的倒数。在某些负阻器件中,动态电阻会为负值。

结参数:在实际的电路应用过程中,一般需要对器件的本征参数进行提取,建立表征其非线性工作特性的等效电路模型。在肖特基二极管中结参数一般包括正向导通电压、反向饱和电流、串联电阻、理想因子以及势垒高度等。在提取时,首先通过直流测试获取 I-V 特性,然后通过函数拟合获取这些参数。提取结参数可以为后续分析二极管电流输运机理以及电路设计打下基础。图 2-7 所示为肖特基二极管结构及等效电路示意图[7]。图中,串联电阻 R_s 主要由外延层电阻 R_{epi}、缓冲层扩散电阻 $R_{spreading}$ 及欧姆接触电阻 $R_{contact}$ 组成。

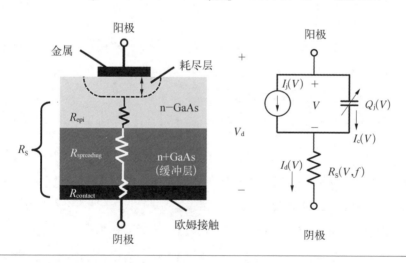

图 2-7
肖特基二极管结构及等效电路示意图[7]

1. 电流-电压特性

肖特基二极管的电流-电压特性主要受热电子发射以及传输效应影响,一般在外置偏压作用下,流经肖特基二极管的电流表达式为

$$I(V) = I_s \left\{ \exp\left[-\frac{q(V - IR_s)}{\eta kT} \right] - 1 \right\} \qquad (2-15)$$

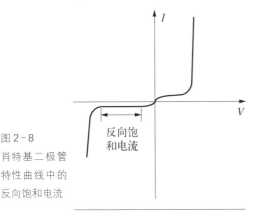

式中，I_s 为反向饱和电流；V 为外加偏置电压；I 为偏压为 V 时对应的电流；R_s 为串联电阻；η 为理想因子；k 为玻耳兹曼常数；T 为绝对温度。

当肖特基二极管处在一定的反向偏压下时，肖特基接触处耗尽层变宽，内建电场变大，与外加电场方向相同，此时二极管内少子会发生漂移，产生的偏移电流大于多子产生的扩散电流，起主导作用，导致二极管的总电流值不随反向偏压值发生明显的变化，此时电流的大小即为反向饱和电流的取值。图 2-8 为肖特基二极管特性曲线中的反向饱和电流。

图 2-8 肖特基二极管特性曲线中的反向饱和电流

反向饱和电流 I_s 可由式（2-16）给出

$$I_s = AA^* T^2 \exp\left(-\frac{q\phi}{kT} \right) \qquad (2-16)$$

式中，A 为肖特基势垒面积；k 为玻耳兹曼常数；T 为连接点的温度；ϕ 为势垒高度。

反向击穿电压：通常，肖特基势垒结在反向偏置时，在反向饱和电压范围内，电流变化比较微小。当反向电压超过额定饱和电压值时，肖特基结会发生反向击穿，产生导通的大电流。反向击穿电压是表征二极管的功率容量的重要参数。

正向导通电压：当加在二极管两端的正向电压比较小时，二极管不能导通。当正向电压达到一定值后，二极管导通。这一电压值称为二极管的"正向导通电压"。这一电压值受器件内部诸多因素共同影响，与肖特基接触外延层电阻率、外延层厚度 w_d 成反比，与势垒面积、势垒高度 ϕ 等成正比。

2. 电容-电压特性

肖特基势垒外加偏压为 V，则耗尽层区域的电荷量为

$$Q(V) = qN_\mathrm{D}Aw_\mathrm{d} = [2qN_\mathrm{D}A\varepsilon_\mathrm{r}(\phi-V)]^{\frac{1}{2}} \qquad (2-17)$$

根据上式可知,二极管的肖特基结电容可以表征为与外加偏压有关的函数,即

$$C_\mathrm{j}(V) = \frac{\mathrm{d}Q}{\mathrm{d}V} = C_\mathrm{j0} \cdot \left(1-\frac{V}{\phi}\right)^{-\frac{1}{2}} \qquad (2-18)$$

式中,C_j0 是零偏结电容。

由于二极管肖特基结处面积和厚度相对于其他部分较小,在数值提取时可以近似为平板电容,由此可得

$$C_\mathrm{j}(V) = \frac{\varepsilon_\mathrm{r}A}{w_\mathrm{d}} = A \cdot \left[\frac{qN_\mathrm{D}\varepsilon_\mathrm{r}}{2(\phi-V)}\right]^{\frac{1}{2}} \qquad (2-19)$$

式中,ε_r 为半导体的介电常数。

一般,外延层的厚度在数值上等于零偏时的耗尽层宽度。耗尽层的宽度可由式(2-20)给出

$$w_\mathrm{d} = \left[\frac{2\varepsilon_\mathrm{r}(\phi-V)}{qN_\mathrm{D}}\right]^{\frac{1}{2}} \qquad (2-20)$$

实际上由于肖特基阳极在外延层存在边缘场的泄漏效应,该边缘因子受肖特基结外加偏压的控制,此时结电容的计算公式为

$$C_\mathrm{j}(V) = A\gamma(V)\left[\frac{qN_\mathrm{D}\varepsilon_\mathrm{r}}{2(\phi-V)}\right]^{\frac{1}{2}} \qquad (2-21)$$

其中,

$$\gamma(V) = 1 + \frac{3w_\mathrm{d}}{d} \qquad (2-22)$$

式中,d 为阳极的直径。

当外加电压为零时($V=0$),定义此时的结电容为零偏置结电容,即

$$C_{j0} = A\gamma(0)\sqrt{\frac{qN_\mathrm{D}\varepsilon_\mathrm{r}}{2\phi}} \qquad (2-23)$$

3. 串联电阻

肖特基二极管应用于太赫兹变频电路中时,变频中能量大都消耗在串联电阻之上。

对于平面肖特基管结构,其串联电阻 R_S 包含了外延层电阻 R_epi、缓冲层扩展电阻 $R_\mathrm{spreading}$,以及欧姆接触电阻 R_contact。

外延层电阻是二极管串联电阻中的主要部分,其值由外延层厚度以及势垒宽度等共同决定。当忽略电流的扩散效应时,外延层电阻可以表示成

$$R_\mathrm{epi}(V) = \frac{t_\mathrm{epi} - w_\mathrm{d}}{Aq\mu_\mathrm{epi}N_\mathrm{D}} \qquad (2-24)$$

式中,t_epi 为外延层的厚度;μ_epi 为外延层电子的迁移率。对于肖特基管处于正向偏置条件下,外延层厚度近似认为是零;而当反向偏置时,外延层电阻可以利用下式进行计算,外延层厚度将随外加偏压而变化。

$$R_\mathrm{epi}(V) = R_\mathrm{epi,\,min} + \frac{\varepsilon_\mathrm{s}}{\sigma_\mathrm{epi}}\big[S_\mathrm{max} - S(V)\big] \qquad (2-25)$$

$$S(V) = \frac{1}{C_\mathrm{j}(V)} \qquad (2-26)$$

式中,$R_\mathrm{epi,\,min}$ 为最小外延层电阻;σ_epi 为外延层的电导率;S_max 为电容倒数的最大值(通常为击穿电压对应的值)。

缓冲层电阻:缓冲层的掺杂浓度较高,为外延层和阴极欧姆接触之间提供电流通路。对于垂直结构的肖特基管(阳极为圆形),其计算公式如下

$$R_\mathrm{spreading} = \frac{1}{4\sigma_\mathrm{buf}r}\frac{2}{\pi}\arctan\frac{2t_\mathrm{buf}}{r} \qquad (2-27)$$

$$\sigma_{buf} = q\mu_{buf} N_{buf} \qquad (2-28)$$

式中，σ_{buf} 为缓冲层的电导率；t_{buf} 为缓冲层厚度；N_{buf} 为缓冲层的掺杂浓度；μ_{buf} 为缓冲层电子的迁移率；r 为阳极半径。

欧姆接触电阻：阴极欧姆接触为半导体和外围电路之间提供了电流通路。垂直结构的肖特基二极管中，欧姆接触电阻可以表示为接触处面积 $A_{contact}$ 和电阻率 ρ_c 的函数，即

$$R_{contact} = \frac{\rho_c}{A_{contact}} \qquad (2-29)$$

平面型结构的肖特基二极管，电流横向流向欧姆接触的前边缘，可用下式表示

$$R_{contact} = \frac{\sqrt{R_\square \rho_c}}{W_{contact}} \coth\left(L_t \sqrt{\frac{R_\square}{\rho_c}}\right) \qquad (2-30)$$

式中，$R_\square$ 为缓冲层方块电阻；ρ_c 为欧姆接触的电阻率；$W_{contact}$ 为欧姆接触的宽度；L_t 为电流传播的长度。

截止频率：截止频率 f_T 可以表征二极管的工作频率上限，可定义为式（2-31）所示

$$f_T = \frac{1}{2\pi R_S C_{j0}} \qquad (2-31)$$

2.2 平面型太赫兹肖特基二极管

2.2.1 器件结构与制备

1. 肖特基二极管结构

早期的太赫兹肖特基二极管为触须（Whisker）接触的肖特基二极管，如图 2-9 所示。触须式肖特基二极管利用金属探针与外延层接触形成肖特基结，其结构简单，结电容较小，截止频率和工作频率都比较高，然而由于

其结构所限,使得流片一致性较差,此外,其垂直式的结构也限制了电路集成度。

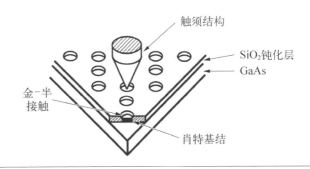

图 2 - 9
触须接触的肖特基二极管结构图[7]

触须结构

SiO₂钝化层

GaAs

金-半接触

肖特基结

1987 年,美国弗吉尼亚大学的 William L. Bishop 首次开发了平面型肖特基二极管(图 2 - 10)。与触须式二极管结构相比,平面型二极管额外的空气桥、阴极 Pad 和阳极 Pad 等结构引入了寄生电容和电感,增大了器件的串联电阻,降低了其高频工作能力。但由于其具有工艺稳定度高、易于系统集成、电路功率容量大等优势,已逐渐取代触须式结构,成为研究的重点[8]。

(a)

SiO₂钝化层

空气桥

阴极   n-GaAs   沟道隔离槽   阳极

(n+GaAs)缓冲层

GaAS半绝缘衬底

(b)

图 2 - 10
平面型肖特基二极管及其物理结构
(a) 显微镜照片
(b) 横截面结构示意图

2. 太赫兹 GaAs 肖特基二极管工艺简介

工艺流程设计：太赫兹平面型肖特基二极管的工艺步骤可分为外延材料准备、阴极和阳极的制备、空气桥的制备以及表面沟道和 Pad 的制备。二极管阳极通过肖特基接触，制作在轻掺杂 n一区。阴极透过腐蚀轻掺杂 GaAs，通过欧姆接触，制作在重掺杂 n＋层。采用化学湿法腐蚀或干法刻蚀技术完成深槽腐蚀隔离。

（1）外延结构的工艺

如图 2-11 所示，肖特基二极管的外延结构包括半绝缘砷化镓衬底、重掺杂 n＋缓冲层以及轻掺杂 n一外延层。n＋缓冲层一般采用分子束外延（Molecular Beam Epitaxy，MBE）生长而成，掺杂浓度通常为 $10^{18}\,cm^{-3}$ 数量级，厚度为微米量级。n一外延层一般采用 MBE 或金属有机化合物化学气相沉淀（Metal-organic Chemical Vapor Deposition，MOCVD）生长而成，厚度一般为亚微

n—GaAs
n＋GaAs
GaAs 半绝缘衬底

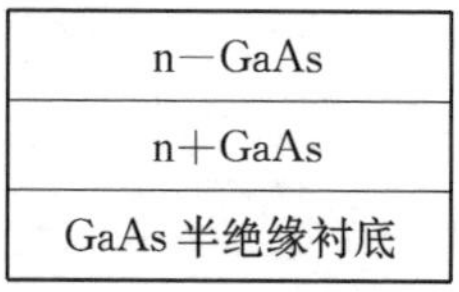

图 2-11 肖特基二极管的外延结构

米量级，掺杂浓度为 $10^{17}\,cm^{-3}$ 数量级。在实际的工艺中，需要根据对器件结参数、工作频率以及 I-V 特性的要求调控其掺杂浓度与生长厚度。一般的，外延层掺杂浓度的升高会改善正向 I-V 特性，降低接触电阻，提高结电容。

在外延层生长完成后，需要沉积 SiO_2 钝化层，钝化层一般采用物理溅射、低压力化学气相沉积（Low Pressure Chemical Vapor Deposition，LPCVD）、等离子体增强化学气相沉积（Plasma Enhanled Chemical Vapor Deposition，PECVD）等手段完成（图 2-12）。沉积 SiO_2 钝化层是保护器件表面，同时对有源区进行电绝缘，抑制边缘效应的有效手段。

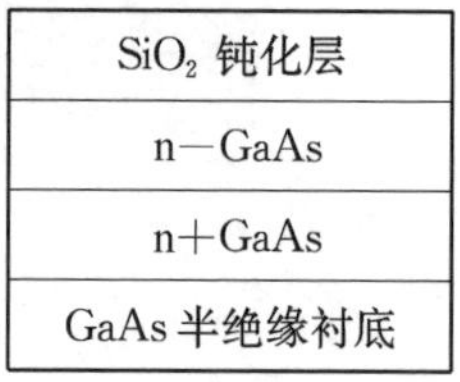

SiO_2 钝化层
n—GaAs
n＋GaAs
GaAs 半绝缘衬底

图 2-12 PECVD SiO_2 工艺

（2）欧姆接触工艺

形成欧姆接触的步骤包括半导体表面清洗、金属淀积、金属图案形成以及退火。

表面清洗的目的是通过不同的刻蚀剂移除污染物，确保半导体表面能够与淀积的金属形成紧密的接触。

金属淀积就是在真空条件下加热蒸发源,将被淀积材料加热到发出蒸气,蒸气原子以直线运动通过腔体到达衬底表面,凝结形成固态薄膜。金属淀积一般采用磁控溅射或真空蒸发技术。磁控溅射是在真空环境下,利用高能粒子撞击具有高纯度的靶材,使撞击出的原子沉积在样品上。

欧姆接触电极应该具有较低的比接触电阻,并且在较宽的温度范围之内具有稳定性,一般采用AuGeNi合金制作。合金化制作欧姆接触的关键是快速退火,退火工艺通常在真空或者惰性气体氩气或氮气中进行。欧姆接触通过电子束蒸发沉积金属AuGe/Ni/Au及快速退火完成。首先快速升温使AuGe熔化,使得和其接触的GaAs被合金熔解;接着在快速降温时,熔解在合金中的GaAs首先在固态GaAs表面析出,得到重掺Ge的n+GaAs层。欧姆接触工艺如图2-13所示。

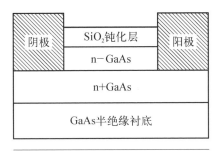

图2-13 欧姆接触工艺

（3）金属阳极的制作

制作金属阳极的主要工艺包括阳极区域的电子束光刻、SiO$_2$干法刻蚀、阳极金属Pt/Au的电子束蒸发及剥离,如图2-14所示。目前,高频的平面肖特基二极管的阳极尺寸已普遍在亚平方微米量。

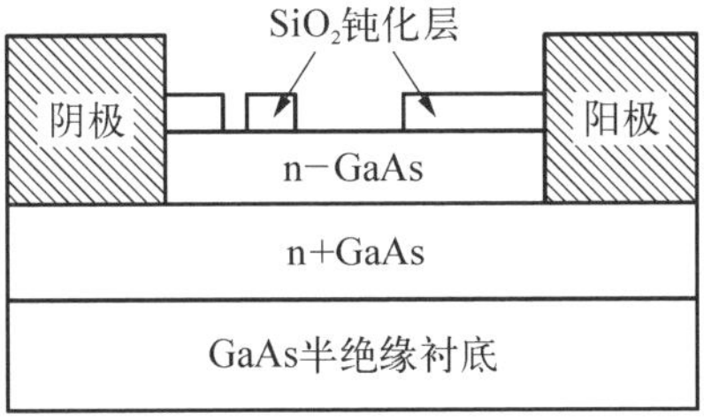

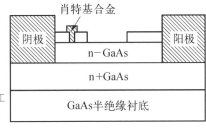

图2-14 阳极孔光刻及SiO$_2$干法刻蚀工艺

（4）肖特基接触工艺

二极管器件阳极为金属半导体肖特基接触,工艺中采用TiPtAu三层金属制作二极管阳极,Ti为接触层,Pt为隔离层,与欧姆接触相比,肖特基接触不需要形成合金层。退火可以明显地改善肖特基接触的特性,改善理想因子。肖特基接触工艺如图2-15所示。

图2-15 肖特基接触工艺

（5）空气桥工艺

构建阳极肖特基接触和阳极压点之间连接的空气桥，如图2-16所示。

（6）腐蚀隔离槽表面沟道的制作

一般采用深沟槽对肖特基二极管阳极与阴极 Pad 进行电学隔离，如图2-17所示。表面沟道通过 GaAs 的各向同性湿法刻蚀完成，需要刻蚀穿过缓冲层，释放压指结构，但同时不能对沟道的侧壁钻蚀过大。

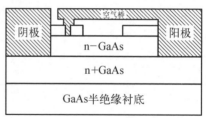

图2-16
空气桥工艺

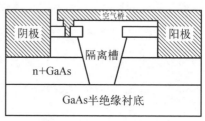

图2-17
腐蚀隔离工艺

（7）磨片工艺

太赫兹肖特基二极管芯片的厚度对器件的寄生、电磁波传输模式有一定影响。为了减小寄生损耗、保证器件单模工作，必须选择适当的芯片厚度。

磨片工艺需在正面器件工艺完成并保护好的情况下，采用机械化学减薄加化学腐蚀的方法。芯片减薄要同时克服衬底的应力问题。通过大量的试验来调整磨抛机的转速，磨料供给速度，研磨压力，磨抛时间等工艺条件来使减薄质量、表面粗糙度等达到最优，同时找到应力控制的方法。

2.2.2 等效电路与模型

随着工作频率的增加，电路不仅对电子器件的可靠性、稳定性要求越来越高，而且对器件尺寸的小型化也有更高的要求，太赫兹固态电子器件的尺寸一般在几十到几百微米的量级。

在太赫兹电路设计中仿真是前期的必要过程，电路仿真的准确性极大地依赖于器件的模型。而在实际工作条件下的准确表征和建模是非常重要的，它往往可以减少设计周期和成本。因此对肖特基二极管进行有效的建模至关重要。

1. 肖特基二极管等效电路模型

由于平面二极管物理结构与理想垂直式二极管相比较为复杂,存在额外的寄生参量,此时仅用二极管在直流、低频下的本征参数会存在局限性。当工作频率上升至太赫兹频段时,产生的电磁耦合、自热效应、趋肤效应等现象都会影响其工作性能,使得高频工作参数值与低频时相比会有较大不同。

利用表征器件小信号等效电路模型,通过仪器测量器件高频下的微波参数,基于器件电路模型所对应的参数矩阵,提取获取器件一系列的本征以及寄生参数,是一种有效地分析器件非线性特性和变化规律的手段。通过这种方法可以快速获取器件在电路拓扑中的参量,为后续电路设计提供便利。

2011 年,阿尔托大学的 Tero Kiuru 利用倒装焊二极管的测试结构在 3~10 GHz 的频率内对肖特基二极管的电容和电阻进行了分析[9];2013 年,查尔摩斯大学的 A. Y. Tang 利用共面波导在片测试结构在 0~110 GHz 的频段内对平面 GaAs 肖特基二极管单管进行了小信号测试[10]。

根据二极管剖面结构,利用不同的等效电路元件对器件各部分进行表征,可以得到二极管高频小信号等效电路模型,如图 2 - 18 所示。

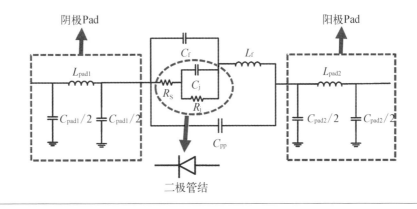

图 2 - 18
二极管高频小
信号等效电路
模型[11]

在二极管剖面结构中,肖特基结部分表征为与偏置电压相关的结电容 C_j、结电阻 R_j,这两个参量为非线性的结参数,分别表示二极管的等效结电容和等效结电阻,被称为“本征二极管”参数,表征二极管的非线性效应。寄生电容

C_{par}包含了空气桥与 Pad 之间的电容 C_f 和二极管两个 Pad 之间的电容 C_{pp}。二极管的总电容 C_{tot} 为结电容 C_j 和寄生电容 C_{par} 之和[10]。肖特基二极管串联电阻为 R_S，代表电流的能量耗散效应。

在二极管高频小信号等效电路中阴极、阳极 Pad 表征为包含了寄生电感 L_{pad} 和电容 C_{pad} 的 π 型网络。C_j、R_j、R_S 为模型的本征参量；C_{pad1}、C_{pad2}、C_f、C_{pp}、L_{pad1}、L_{pad2} 和 L_f 为模型的寄生参量。小信号模型等效电路器件在片测试结构如图 2 - 19 所示。

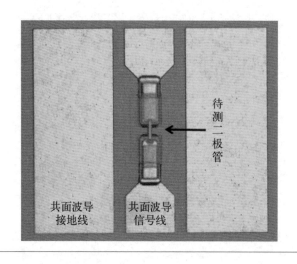

待测二极管

共面波导接地线 共面波导信号线

图 2 - 19
器件在片测试
结构[11]

当频率较低时，二极管金属部分近似为短路线，寄生电感 L_f 和 L_{pad} 可忽略。利用忽略电感参数的简化高频等效电路模型，方便对参数进行提取。在进行参数提取时利用其微波网络参数矩阵表征二极管模型。以阴极 Pad 端为端口 1，阳极 Pad 端为端口 2，Y 参数矩阵描述为

$$[Y] = \frac{1}{R_j(V)}\begin{bmatrix} 1 & -1 \\ -1 & 1 \end{bmatrix} + j\omega \begin{bmatrix} C_{pad1} + C_j(V) + C_{par} & -(C_j(V) + C_{par}) \\ -(C_j(V) + C_{par}) & C_{pad2} + C_j(V) + C_{par} \end{bmatrix}$$

$$(2 - 32)$$

式中，j 为虚数计算单位；ω 为角频率。

二极管 Pad 寄生电容 C_{pad} 以及总电容 C_{tot} 可由式(2 - 33)、式(2 - 34)进行

求解。

$$C_{\text{padi}} = \frac{\text{Im}(Y_{\text{ii}} + Y_{\text{ij}})}{\omega} \quad (\text{i、j} = 1 \text{ 或 } 2, \text{且 i} \neq \text{j}) \qquad (2-33)$$

$$C_{\text{tot\_12}} = \frac{\text{Im}(-Y_{12})}{\omega} \qquad (2-34)$$

式中，$\text{Im}(Y)$ 表示 Y 参数的虚部。

2. 二极管三维电磁模型

上节基于二极管的小信号 S 参数测试数据，建立了较为准确的基于二极管寄生效应的等效电路模型，可以用于表征二极管单管的高频实际工作特性。但该模型在电路的使用中也受到很多限制。

（1）为提高功率容量，电路中一般采用多个管芯构成，当工作频率上升到一定频段，工作波长和二极管外形尺寸相比拟，不同管芯之间会存在相位差，甚至会出现在两个管芯处电压反相的情况，管芯与管芯之间的寄生参量和相位差等无法用单管小信号等效电路模型进行准确表征。

（2）电路中二极管多采用倒装方式通过导电胶与微带电路焊接，腔体封装情况复杂，之前所提取的单个管芯寄生参量不能准确表征封装等效电路模型。

二极管三维电磁模型建模是最新提出的太赫兹非线性器件先进设计方法的重要组成部分。这种模型从三维物理结构和材料特性的角度对二极管进行高频特性模拟，利用特定的探针端口表征器件的非线性结特性，通用性好、不受频率范围限制。1996 年，弗吉尼亚大学 J. L. Hesler 在其博士论文中首次提出了基于微探针的二极管三维建模方法[12]，目前 J. L. Hesler 所在的 VDI 和 B. Thomas 所在的 JPL 实验室均在毫米波/THz 器件研制上处于世界领先地位。

二极管的三维电磁模型，包含二极管的三维结构以及表征二极管各部分的材料特性，包括半绝缘衬底层（GaAs）、重掺杂 n+区（GaAs）、轻掺杂 n−区（GaAs）、钝化层（SiO$_2$）、欧姆接触层、阳极和阴极等结构。

二极管模型的材料层结构比较复杂,每层材料都不相同。构建二极管三维电磁仿真模型时通常对二极管材料作近似处理:空气桥、阳极柱和金属焊盘材料设置为金,保护层材料为二氧化硅,欧姆接触金属层、n+区材料设置为理想导体(Perfect Electric Conductor,PEC),半绝缘衬底、n−区设置为 GaAs 材料。

在二极管中,电流从欧姆焊盘经空气桥和阳极柱流入二极管管结,二极管管结将产生非线性效应,最后 n+区的横向电流经欧姆接触面流入下一个二极管管芯或直流接地参考面。如果直接采用实际二极管模型设置各材料层,二极管三维模型的 n−层(GaAs)将阻碍电流流通,电流将无法流过二极管管结继而流入管芯,也将无法在管芯内部设置仿真端口。为了让阳极结与 n+区能在电气特性上连接起来并模拟阳极结处端口阻抗,在原有模型的基础上将空气桥下方的金属柱延伸穿过 n−层,使之与 n+层相连。

之前提到,在实际的电路中,通常采用含有多个阳极结的肖特基二极管。在确立二极管各部分尺寸以及材料特性之后,在软件中对二极管的三维结构模型进行绘制,如图 2−20 所示。

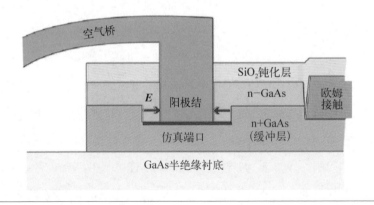

图 2−20
三维电磁模型
内部探针端口
示意图[13]

3. 二极管场路结合整体模型

在实际电路中,器件工作状态不仅包括其非线性本征工作参数,也包括寄生参数。肖特基二极管的高频寄生效应主要是二极管外围结构产生的,除结区之外的肖特基二极管半导体层结构,还包括外围电路(比如 Anode Finger、Anode/Cathode Pad、键合焊球等),这就需要结合高频测试(电路)与模拟仿真(电磁场)的手段,得到对应的 snp 文件,与小信号测试所得的本征参数模型整合,可以得到完整的二极管高频场路结合模型,为后续电路优化设计打下模型基础。

2.3 太赫兹肖特基二极管典型应用

2.3.1 倍频电路

1. 太赫兹倍频器应用:太赫兹源

太赫兹波的产生是太赫兹技术的发展亟须解决的重要问题。理想的太赫兹源需要兼具室温工作、小尺寸、长寿命、高效率、连续波输出的特点。

目前产生太赫兹源的方式主要有以下三类。

(1)直接由太赫兹固态振荡器件比如耿氏二极管或共振隧穿二极管等获得信号源。利用这种方式需要稳频措施,并且其相位噪声高。

(2)利用太赫兹量子级联激光器(Quantum Cascade Laser,QCL)产生太赫兹相干辐射。QCL 具有工作频率高、频带宽的特点($1\sim10$ THz),但需要在低温环境下工作。

(3)利用太赫兹倍频器,将低频微波信号进行倍频和放大,可以得到较高频段的太赫兹源信号。太赫兹倍频器具有常温工作、小型化、效率高的特点,目前输出频率可以覆盖 300 GHz$\sim$3 THz,其工程化应用前景较高。

相对于振荡器和量子级联激光器等半导体源,基于非线性倍频的固态源具有结构紧凑、重量轻、可靠性高、低噪声、低成本等其他太赫兹辐射源不具备的优势,所以备受人们的关注,成为太赫兹辐射源研究的最大热点。

2. 倍频器工作原理

当一个单音的正弦信号加载到非线性的元件输入端上时,由于器件的非线性的作用,其输入信号的各次谐波分量会在器件的另一端输出端产生,依据这个原理可以设计制作倍频器。通常情况下,利用倍频电路本身的拓扑结构以及滤波器等元件,对所需的谐波分量进行分离提取,可以获取特定频率的信号。例如,对于一个 N 次倍频器,将输入频率为 F_1 的信号转换为输出频率为 $FN(FN=N \cdot F_1)$ 的信号。其余各次不需要的谐波分量则通过电路中匹配滤波等结构进行抑制。

当需要的输出信号为输入信号的 N_3 次谐波时,假设 N_3 可以拆分为两个低次倍频因子 N_1 和 N_2 的乘积,即 $N_3=N_1 \cdot N_2(N_1 、N_2 、N_3$ 均为正整数),一般在倍频器设计时仍会采用多次级联乘积的形式来获取,这是因为单个高次倍频器的变频效率会低于采用多次低次级联的倍频方式。通常的太赫兹肖特基二极管倍频器一般为二次或三次倍频,但是在实际应用中,由于受到倍频信号源的条件所限,也会采用高次(四次以上)的倍频方式。

对于理想的倍频器,模块之间具有良好的端口驻波特性,除去 N 次谐波,倍频器产生的其余各次谐波的功率和应与 P_N 满足: $\sum_{k \neq 1, k \neq N}^{\infty} P_k \ll P_N$ 。

3. 肖特基二极管倍频器分类

按照工作原理可将倍频器分为两类:非线性电抗(电容)倍频器以及非线性电阻倍频器。

(1)非线性电抗管倍频器:是在非线性结电容上加偏置而成,利用电荷-电压 $(Q-V)$ 的非线性特性工作,当外加负偏压时,偏置电压方向与势垒电压方向相同,载流子耗尽,耗尽层加宽,结电容随外加电压而变化。此类二极管损耗小、变频效率高并且自身固有的相位附加噪声很小,但一般频带较窄。

根据门雷-罗威(Manley-Rowe)关系式,对于任意一个理想的无损耗非线性器件,假设有两个不相干激励信号的频率 f_1 和 f_2,在频率 $|mf_1+nf_2|$ 上进入非线性电容的平均功率为 P_{mn},m 、n 为整数。则有

$$\sum_{m=0}^{\infty} \sum_{n=-\infty}^{\infty} \frac{m P_{mn}}{m f_1 + n f_2} = 0$$

$$\sum_{n=0}^{\infty} \sum_{m=-\infty}^{\infty} \frac{n P_{mn}}{m f_1 + n f_2} = 0 \tag{2-35}$$

式(2-35)表明,进入任意一个理想的无损耗非线性器件的功率守恒,其平均功率应当均为0。当 m、n 的取值变化时,门雷-罗威关系式可以分析非线性容性倍频器理想的输出情况,从而进一步指导二极管和电路的设计优化。假设倍频器输入信号为单音信号时,此时 $m \neq 0$ 且 $n = 0$,频率 $m f_1$ 下的功率为 P_m,则式(2-35)改写为

$$\sum_{m=1}^{\infty} P_m = 0 \tag{2-36}$$

根据式(2-36)可以得出 $P_1 + P_m = 0$,说明对于理想的倍频器而言,其输入的功率能量应该百分百转化为输出的功率能量,即倍频效率实现百分之百[20]。这也是 m 次倍频器设计的最终目标。

理想倍频效率实现的前提是在倍频电路中,除了输入信号 f_1 和输出信号 $m f_1$,其他无用的谐波分量都没有功率耗散,在 m 次以外的谐波上,非线性电容都对应纯电抗负载。而实际情况下,倍频电路中二极管受封装以及器件本身的寄生效应影响,总会存在电阻,使得相当部分的射频功率在电阻处耗散。与此同时,为了筛选谐波分量,电路中的过渡、滤波以及匹配电路等无源结构也会产生传输损耗,实际的倍频效率与理想情况相比,会有较大的差距。

(2)非线性电阻倍频理论:利用非线性器件的非线性电阻实现倍频。非线性电阻倍频器适用于低次倍频,工作带宽较宽,工作频率较高。电阻性倍频器是利用肖特基势垒二极管的单向导电性(I-V 非线性)来产生谐波,由于变换效率按谐波次数平方下降,所以此类倍频器常用于低次倍频(2~3 次),并具有较高的附加相位噪声,但相比于电抗性倍频,其带宽比较宽。

随着工作频率提升至太赫兹波段,实际情况下,所有的电抗性二极管均会表现出不同程度的电阻性,此时门雷-罗威关系式将不再适用。所以需要开展

非线性电阻倍频的原理分析。对于一个非线性电阻倍频,信号源加载在二极管上的信号在非线性电阻的作用下产生各次谐波分量,利用傅里叶级数表征非线性电阻负载上的电压和电流为

$$v(t) = \sum_{n=-\infty}^{\infty} V_n e^{jn\omega t}$$

$$i(t) = \sum_{n=-\infty}^{\infty} I_n e^{jn\omega t}$$

(2-37)

$$V_n = \frac{1}{T} \int_0^T v(t) e^{-jn\omega t} dt$$

$$I_n = \frac{1}{T} \int_0^T i(t) e^{-jn\omega t} dt$$

(2-38)

式中,t 为信号传输时间;T 为信号传输的周期;n 为谐波次数。

式(2-38)中 $v(t)$ 和 $i(t)$ 是时间函数,它们都为实函数,故有 $V_n = V_{-n}^*$,$I_n = I_{-n}^*$。电路中产生的 n 次谐波分量信号功率为

$$P_n = \frac{1}{2} Re \cdot (V_n I_n^*) = \frac{1}{4} \times (V_n I_n^* + V_n^* I_n)$$

(2-39)

式中,Re 为矢量矩阵的实部。

由于 $v(t)$ 和 $i(t)$ 均是周期为 T 的周期性函数,$v(t)$ 和 $i(t)$ 的导函数也同样是周期为 T 的周期性函数,所以 $v(0) = v(T)$,$i(0) = i(T)$,$\frac{\partial i(t)}{\partial t}\big|_{t=0} = \frac{\partial i(t)}{\partial t}\big|_{t=T}$,因此

$$\sum_{n=-\infty}^{\infty} n^2 V_n I_n^* = \frac{1}{2\pi\omega} \int_{t=0}^{T} \frac{\partial i}{\partial v} \left[\frac{\partial v(t)}{\partial t} \right]^2 dt = \sum_{n=0}^{\infty} n^2 (V_n I_n^* + V_n^* I_n)$$

(2-40)

将式(2-39)代入到式(2-40)中,可得

$$\sum_{n=0}^{\infty} n^2 P_n = \frac{1}{8\pi\omega} \int_{t=0}^{T} \frac{\partial i}{\partial v} \left[\frac{\partial v(t)}{\partial t} \right]^2 dt$$

(2-41)

考虑到实际的非线性电阻为正,即 $\dfrac{\partial i}{\partial v} > 0$,则式(2 - 41)等式右边的积分总为正,可得到:$\displaystyle\sum_{n=0}^{\infty} n^2 P_n \geqslant 0$。

若电路中除了基波和所需 n 次谐波外,其余各次谐波分量都端接电抗性负载,假设驱动源功率为 P_1,n 次谐波分量功率为 P_n。则

$$P_1 + n^2 P_n \geqslant 0 \text{ 或 } \left| \frac{P_n}{P_1} \right| \leqslant \frac{1}{n^2} \tag{2 - 42}$$

由式(2 - 41)可在理论上预估电阻性倍频器的最低倍频损耗,例如二倍频器的最低倍频损耗为 6 dB。

理论上,在非线性电抗倍频以及非线性电阻倍频中,为了减少功率耗散,提高倍频效率减少变频损耗,在无用谐波分量上端接无耗电抗性负载是一种行之有效的手段。

在无用谐波分量上端接无耗电抗性负载,可以使无用谐波分量对倍频电路终端开路,此时各对应谐波分量电阻上流过的电流大小为零,无功率损耗,但在工程上很难实现;除此以外,可以将无用谐波分量对倍频电路终端短路,防止无用谐波的功率泄漏至输出端,使得频谱的纯度提高。除此以外,采用增加空闲回路的办法,在终端回收无用谐波分量,使其功率反馈回倍频电路中,也是增加倍频效率的有效手段。

4. 倍频器的结构

肖特基二极管基倍频器根据二极管结构可以有多种不同的电路拓扑结构,常用的可分为以下几类。

（1）单管式倍频结构

单管式倍频器利用单个肖特基结二极管进行工作,在早期触须式二极管中比较常见,是一种较为简单的电路结构。在单管式倍频电路设计中,由于缺少频率选择拓扑回路,所以需要加入额外的滤波器筛选谐波分量。单管式倍

频具有电路结构简单、易于装配调试的特点,但由于器件本身功率容量的限制,已经很难满足太赫兹系统对固态源日益增加的性能需求。

(2) 多管对式倍频结构

在输入功率增加的情况下,由于单管功率容量有限,导致倍频器整体输出功率受影响。平面型二极管由于其本身的结构特点,可以很方便地实现 4 管芯、6 管芯甚至更多的偶数个二极管管芯集成,在太赫兹频段下可以实现管芯之间输出功率叠加,与单管结构相比,可以获得较大的输出功率。从电路拓扑结构上看,多管对倍频结构还可以利用管芯形成射频回路,使不需要的偶次或奇次谐波信号回收,提高倍频效率。

目前,太赫兹频段二极管倍频基本都采用多管对式倍频结构。2017 年,瑞典查尔莫斯大学的 Robin Dahlbäck 等报道了一款包含 128 个二极管管芯单元的 183 GHz 二倍频器,如图 2-21 所示。整个倍频电路将二极管构成阵列,极大程度地提高了倍频器的功率承受能力,经测试显示,在 181~185 GHz 的频带内,在 1.2 W 的泵浦功率驱动下,整个倍频器可以达到 0.25 W 的峰值输出,倍频效率最高处为 23%[14]。

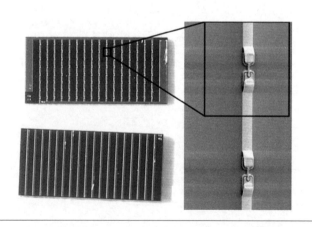

图 2-21
183 GHz 多管对式倍频阵列[14]

按照拓扑结构分类,可将多管对式倍频结构分为平衡式以及非平衡式。

① 平衡式倍频结构

平衡式结构是一种较常采用的倍频器电路形式。利用各个管芯具有相同非线性特性的特点,通过串联、并联形式实现特定次数谐波的同相位或者反相位,合成输出同相位的谐波,抑制反相位的谐波。与单管式倍频结构相比,平衡式结构可以输出更加纯净的频谱。按照谐波成分划分,可分为奇次倍频器和偶次倍频器。

平衡式奇次倍频结构:基于反向并联结构的平衡式奇次倍频器结构如图 2-22 所示,该类三倍频的输入输出信号均由二极管对中心处加载。

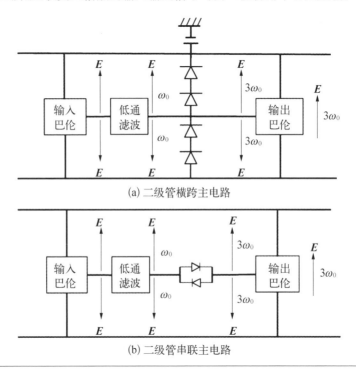

图 2-22
平衡式奇次倍
频器结构

如图 2-22(a)所示,直流偏置从二极管对一侧馈入,牵引二极管使之工作在理想的静态工作点。二极管对于射频信号呈反向并联状态,对于直流信号呈同向串联状态。二极管反向对称,为偶次谐波提供虚拟回路,使之无法输出,只输出奇次分量,有效地提高了倍频效率。二极管倍频属于无源倍频结构,但一般需要在二极管一侧端接直流偏压,以牵引二极管的静态工作点,通常采用芯片电容接地的形式,对实物加工和装配精度要求较高。

图 2-22(b)所示的反向并联结构采用自偏置形式,不添加外围直流偏置,

较为简单。但二极管不与腔体壁连通,在实际工作时散热性较差。在需要加载大信号的倍频器电路中比较少见,一般常用于混频器的研制中。

平衡式奇次倍频结构中,输入信号以同幅反向的形式加载到上下支路中,假设输入信号为

$$V(t) = V_m \cos(\omega_S t) \qquad (2-43)$$

式中,V_m 为输入信号的幅值;ω_S 为输入信号的角频率。

则流过上下倍频支路的电流分别为

$$i_1(t) = I_s \left[\exp\left(-\frac{qV}{\eta kT}\right) - 1 \right]$$
$$i_2(t) = I_s \left[\exp\left(-\frac{qV}{\eta kT}\right) - 1 \right] \qquad (2-44)$$

式中,q 为单位电荷电量;η 为理想因子;k 为玻耳兹曼常数。

则输出端的总电流 $i(t)$ 为

$$i(t) = i_1(t) - i_2(t) = -2i_s \sinh\left[\frac{qV}{\eta kT} V_m \cos(\omega_S t)\right]$$

$$= -4i_s \left[I_1\left(\frac{qV}{\eta kT} V_m\right) \cos(\omega_S t) + I_3\left(\frac{qV}{\eta kT} V_m\right) \cos(3\omega_S t) \right.$$

$$\left. + I_5\left(\frac{qV}{\eta kT} V_m\right) \cos(5\omega_S t) + \cdots \right] \qquad (2-45)$$

式中,I_n 为 n 次电流谐波分量的幅值,n 为 $1,2,3,4,5\cdots$

可以看出,输出信号中只包含基波的奇次谐波分量,而偶次谐波分量被束缚在由二极管对构成的逻辑环路之中,因此,管对的外围电路中不包含偶次谐波分量,省去了用于抑制偶次谐波的空闲回路以及滤波电路,大幅度简化了电路结构。

下面介绍几款比较典型的平衡式奇次倍频结构。

2012 年,美国 JPL 实验室的 John S. Ward 和法国的 Alain Maestrini 等学者报道了一款室温工作的全太赫兹固态源[15],其末级倍频电路输出频段达到

了 2.48～2.75 THz(图 2-23)。采用经典的平衡式三次倍频结构,整个电路制作在 GaAs 单片上,同时在保证机械强度的基础上,采用镂空微带电路结构,有效降低了电路损耗,同时采用自偏置形式,简化了电路结构。经测试,纯氮气环境下,2.49～2.69 THz 内输出峰值功率达 8 μW,带内输出功率大于 4 μW。

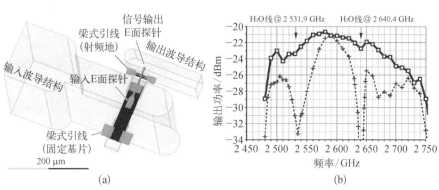

图 2-23
(a) 2.48～2.75 THz 平衡奇次式三倍频器;
(b) 测试结果(实线为纯氮气环境,虚线为常规实验室环境)[15]

美国的 Erickson 等学者提出了一种中间直流馈电平衡式三倍频结构[13],通过设计二极管焊盘上的隔直电容,引入直流偏置,焊盘通过梁式引线与腔体连接形成直流接地,构建的直流通路与同向串联结构不同,这种结构可以引导电流同向流过两个二极管管芯,对工艺要求较高(图 2-24)。

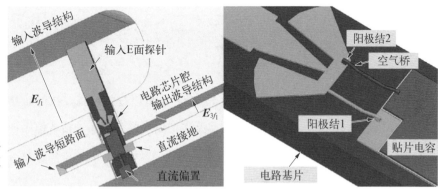

图 2-24
中间直流馈电平衡式三倍频器结构[13]

平衡式偶次平衡倍频结构:与平衡式奇次平衡倍频原理类似,平衡式偶次平衡式倍频结构利用多个二极管形成奇次谐波回路,其输出信号中只包含偶次分量。在太赫兹频段,平衡式偶次平衡式倍频结构中,为了形成谐波回路,肖特基二极管两端的信号模式会有所不同,输入信号一般为标准矩形波导中传输的 TE_{10} 模,而输出信号一般为在微带传输线中传播的准 TEM 模。在实际的电路设计中,需要将二极管置于波导腔体中,由于二极管输入输出端信号的传输模式发生变化,电路匹配情况也会比较复杂,相比于平衡式奇次平衡式结构,会要求更高的装配精度。

平衡式偶次平衡倍频原理:根据式(2-43)和式(2-44),输出端总的输出电流 $i(t)$ 为

$$
\begin{aligned}
i(t) = i_1(t) + i_2(t) &= -2i_s \cosh\left[\frac{qV}{\eta kT}V_m \cos(\omega_s t)\right] \\
&= -4i_s\left[I_2\left(\frac{qV}{\eta kT}V_m\right)\cos(2\omega_s t) + I_4\left(\frac{qV}{\eta kT}V_m\right)\cos(4\omega_s t) + \cdots\right] \\
&\quad -i_s\left[2I_0\left(\frac{qV}{\eta kT}V_m\right) - 2\right]
\end{aligned}
\tag{2-46}
$$

从式(2-46)可得,倍频器输出电流信号中奇次谐波分量被全部剔除,仅剩下偶次谐波分量。理论上采用平衡式结构设计可以有效提高偶次倍频的变频效率。

2011 年,José V. Siles、Alain Maestrini 等设计了 190 GHz 平衡式二倍频器结构,室温下通过对倍频器进行工作性能测试,结果显示,在 177~202 GHz 带宽内倍频效率为 6%~10%[16]。

② 非平衡式倍频结构

与平衡式结构相比,非平衡式倍频结构舍弃了可以进行频率选择的拓扑回路,而是采用外围匹配、滤波以及空闲回路实现输出频率选择。其结构原理如图 2-25 所示。无论是偶次还是奇次,非平衡式倍频器中二极管相对于输入和输出端都呈现对称的同向并联的形式,管芯数目的增加只是为了增大功率容量,这种结构将输入信号分配到两个甚至更多个支路中,在输出端对信号进行整合叠加,其拓扑结构更为简单。在实际设计中,由于器件对于不同次谐波分量均有不同的理想匹配阻抗,在电路匹配以及滤波设计时要多加注意。

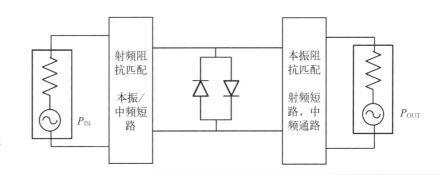

图 2-25
非平衡式倍频
器结构图

美国 VDI 公司的 D. Porterfiled 等学者于 2007 年报道了多个高效率非平衡式三倍频器结构[17]，如图 2-26 所示。与平衡式三倍频不同的是，该倍频器采用反向串联的四管芯排列结构，从输入与输出端看去，可认为是将多个管芯进行单纯的功率叠加，所以无法抑制偶次谐波信号，但通过滤波以及空闲回路，提高对偶次谐波的反射，经测试在 220 GHz 倍频输出功率达到 23 mW，在 440 GHz 倍频输出可达 13 mW。

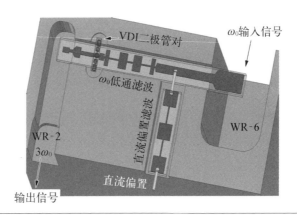

图 2-26
非平衡式
440 GHz
三倍频器
结构[17]

5. 倍频器主要技术指标

（1）输出频率

当倍频器在特定的外界条件下稳定工作时，由输出端口测得的标定的 N 次谐波下功率值，一般采用功率计测量倍频器的输出功率。

（2）倍频效率

倍频效率为输出端所测得的 N 次谐波的功率与输入端功率的比值,倍频效率越高表征倍频器的转换能力越高,变频损耗越低。

（3）频率偏移

倍频器的输出频率与设计标定值的偏差为频率偏移,频率偏移值可以用绝对频率误差和相对频率误差来表示。

（4）杂散抑制

杂散指的是倍频器输出信号谐波分量以外的离散信号。杂散抑制的值等于与载波频率成非谐波关系的离散频谱功率与载波功率的比值。

6. 倍频电路设计

基于太赫兹平面肖特基二极管的倍频电路设计主要涉及过渡结构、微带传输线以及匹配等结构设计的内容。

（1）波导-微带探针过渡

在微波集成电路中,标准波导是一种重要的信号输入输出接口,其本身具有低损耗、高功率容量和高品质因数的特点。在太赫兹系统中,包括天线接口、测试设备以及收发组件也广泛采用矩形波导转接头,而矩形波导和平面集成电路之间信号转换一般采用波导-微带过渡结构。

当频率上升到太赫兹时,矩形波导的尺寸减小到毫米量级以下,对于加工精度以及腔体内壁垂直度提出非常高的要求。在实际电路设计中,对于过渡要求具有宽带、低损耗工作能力,不仅如此,由于太赫兹二极管倍频电路中二极管装配工艺复杂,需要选取合适的过渡形式与微带电路相协调。波导-微带探针过渡结构简单,插入损耗低,能适应较高的工作频段,是太赫兹频段二极管变频电路的首选过渡形式。

波导-微带探针过渡利用伸出在波导腔体中的一段微带探针,将传输在矩形波导中的 TE_{10} 模式的微波信号能量耦合到微带电路中,同时信号的模式转换为准 TEM 模式,在探针后利用阻抗线与微带电路进行阻抗匹配。根据结构可以将波导-微带探针过渡分为 E 面与 H 面两种(图 2-27),在 E 面结构中,波导内电磁波传输方向与微带电路平面法线方向相垂直,按此方式进行设计,二极管是水平装配到电路中,因此是一种较多采用的方式;在 H 面结构中,波导内电磁波传输方向与微带电路平面法线方向相平行。无论是 E 面还是 H 面,其微带探针的中心均位于距离波导短路面的四分之一波长(λ/4)处,此处为波导内电场最强处。在过渡结构设计过程中,一般首先固定探针的位置,随后对探针的线宽和点长度进行调谐设计,以使过渡结构对基波的插损最小,频段最优,对高次谐波具有良好的回波抑制。

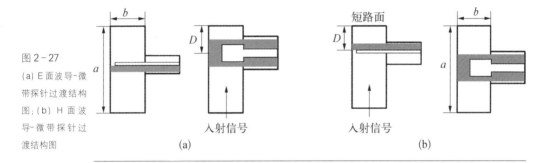

图 2-27
(a) E 面波导-微带探针过渡结构图;(b) H 面波导-微带探针过渡结构图

(a)　　　　　　　　　　　　(b)

(2) 传输线

传输线是太赫兹电路的重要组成部分,无论是有源的器件还是无源的外围电路都需要传输线作为传输信号的媒介。在传统微波频段中广泛采用同轴线、共面波导等传输线。在太赫兹频段,由于这些传输线在结构、极化方向以及带宽等方面的性能无法满足系统要求,因此需要选择合适的传输线进行电路设计。

一些平面型的标准微带线或悬置微带线由于其本身具有体积小、易于平面集成、成本低以及带宽性能好等诸多优点,在太赫兹电路中大量应用。作为重要的平面传输线结构,微带线以及悬置微带线极大程度提高了太赫兹电路的集成度,降低了装配难度,对于太赫兹系统性能的提升起了很大的帮助作用。

介质基板是微带电路的支撑部分,在电路设计中,介质基板的机械强度、介电常数、品质因数以及是否可异型切割都是需要考量的因素,在太赫兹频段倍频电路设计中,一般要求电路形式简化,控制微带电路的长宽比不宜过大,目前太赫兹频段常采用的介质基板包括石英、砷化镓等。其中石英基片属于硬质基板,具有热膨胀系数小、介电常数低、传输损耗低的特点,在实际使用中,一般采用划片机进行机械切割,由于其质地较脆,一般为矩形,厚度不能太薄,一般大于 $30~\mu\mathrm{m}$。砷化镓属于软质基板,其介电常数较高,为了降低传输损耗,电路不宜过长,同时其质地较软,一般采用化学腐蚀的办法进行划片分离,同时需注意因表面硬力而导致的基片弯曲。

标准微带线:标准微带线是目前最常用的平面传输线,其结构如图 2-28 所示,微带线一般位于金属腔体中,由介质基片以及导体带组成,此基础上有的微带线在基片背敷接地金属,并且做通孔结构,导体带为导电性良好的金属构成。图中 a、b 分别为矩形金属腔的边长;h 为标准微带线到腔体上壁的距离;w 为标准微带线的线宽;t 为标准微带线的厚度。

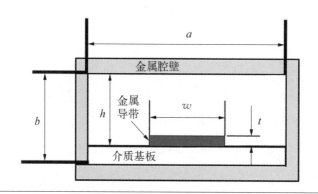

图 2-28
标准微带线平
面结构图

标准微带线可以看作是双导体系统,在理想状态下,将微带线的介质基片视为空气,此时微带线传输模式为 TEM 模式。实际情况中,微带线的介质基片介电常数与空气并不相同,微带线的导体带并非被均匀介质所填充,此时在空气与介质的交界面处并不满足介质理想的边界条件,因此传输模式为包含了 TE 模式和 TM 模式的多种混合模式,具有纵向场分量,称为准 TEM 模式。当频率升高时,金属腔体中还会产生波导模和表面波模等,增加了微带线的传输损耗,为减少多模传输的损耗,微带线的介质基片应选择损耗小的材质。

作为常用的平面传输线,微带线的特性阻抗范围比较宽,可以在几十到几百欧姆内变化,增加了电路设计中滤波器以及匹配网络设计的灵活度。

(3)悬置微带线

与标准微带线不同,悬置微带线的介质基片悬置于空气中,其结构如图2-29所示。悬置微带线同样基片背敷金属结构。由于其介质基片悬空,传输的信号大部分都处在金属腔内部的空气中。与前者相比,悬置微带线的介质基片对于传输信号模式和色散等特性的影响大大降低,因此在悬置微带线的介质传输损耗更小、色散特性更弱、Q值更高,是太赫兹倍频以及混频电路设计中一种重要的选择。

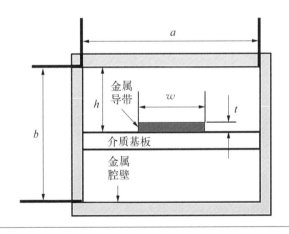

图 2-29
悬置微带线平面结构图

根据悬置微带线特性阻抗计算方法,同样线宽内,可调节的阻抗范围变小,给电路中滤波器、匹配网络等结构的设计增加了困难。不仅如此,由于其结构特点,对介质基片的机械强度要求较高,增加了装配过程中器件封装以及偏置电路键合工艺的难度。在实际电路设计时,应根据性能需求以及加工条件做出取舍。

(4)匹配网络

在倍频电路中进行匹配电路的设计主要包含两个方面,首先是在输入端对基波信号进行最优匹配,其次是在输出端对所需的谐波分量进行最优匹配。在太赫兹倍频电路设计中,匹配电路的设计尤为重要,其匹配性能的好坏对信号输出的带宽和功率有着直接的影响。设计匹配网络时,需要通过二极管模型分别提取器件对基波以及输出谐波的最佳嵌入阻抗,并选取匹配类型,进行优化设计。

在微波频段,常见的匹配类型微带匹配电路,从结构上看,包括枝节型(并联型)以及 $\lambda/4$ 波长变换型(串联型)等;从工作频段上划分,包括宽带匹配和窄带匹配两种类型。在实际选取中,需要根据其匹配带宽和损耗而定。

窄带匹配:窄带匹配的形式包括枝节型以及 $\lambda/4$ 波长变换型匹配结构。枝节型匹配可以划分为 L 型、π 型和 T 型。一般均包含串联和并联两种不同性质的电抗元件。

L 型匹配网络:L 型匹配网络包含两个电抗元件,分别为串联支路电抗元件 X_S 及并联支路电抗元件 X_F。在 L 型匹配网络中,从源电阻 R_{S0} 看去,当源电阻 R_{S0} 大于负载电阻 R_L 时,L 型匹配网络为先并联电抗再串联电抗式结构,如图 2-30(a)所示;当负载电阻 R_L 大于源电阻 R_{S0} 时,L 型匹配网络为先串联电抗再并联电抗型结构,如图 2-30(b)所示。

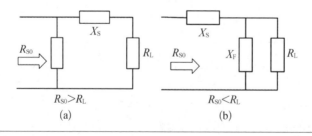

图 2-30
L 型匹配网络

π 型和 T 型匹配网络:将电抗元件由两个增加到三个,可以形成 π 型和 T 型匹配网络,其中当源电阻 R_{S0} 大于负载电阻 R_L 时,需要先并联电抗元件,即为 π 型匹配,如图 2-31(a)所示;当负载电阻 R_L 大于源电阻 R_{S0} 时,需要先串联电抗元件,即为 T 型匹配,如图 2-31(b)所示。

图 2-31
(a) π 型匹配网络；(b) T 型匹配网络

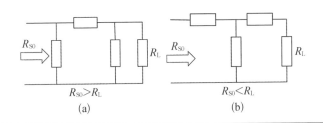

(a)　　　　　　　　　　(b)

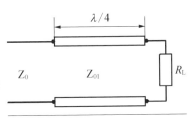

图 2-32
λ / 4 阻 抗 变换器

$\lambda/4$ 阻抗变换器：$\lambda/4$ 阻抗变换器属于串联型匹配网络，其特性阻抗的值通过 $Z_{01}=(Z_0 \cdot R_L)^{0.5}$ 来计算。一般情况下，$\lambda/4$ 阻抗变换器只用于纯电阻负载的阻抗匹配，较少用于复数阻抗匹配。因此需要在负载传输线的波节或者波腹处进行匹配设计，或者添加移相器实现负载阻抗由复数变换为纯电阻。

宽带匹配：上面介绍的单节 $\lambda/4$ 阻抗变换器匹配带宽较窄，一般在实际工程中，需要满足一定的匹配带宽。单一结构在实现宽带性能时比较困难，一般采用两级或多节级联 $\lambda/4$ 匹配器和 $\lambda/4$ 支节匹配器来实现宽带匹配。这种宽带匹配的实质是通过多级不连续的频点匹配，将单个匹配的不连续性进行分散，即利用分散的多个不连续点代替不连续的单点。在频率变化时，使各点的不连续性反射相互抵消，拓展带宽。多级变换器的匹配带宽可以通过调谐各级之间的阻抗变换比来实现。

当多级阻抗变换器的节数逐渐增加时，两级间的阻抗变换比之差逐渐减小，其线宽值逐渐接近，当节数趋近于无穷时，可以近似为一条平滑的曲线，近似为渐变线阻抗变化器。渐变线匹配器和多节阻抗变化器的原理类似，可以最大限度地减少各级之间的不连续性，从而实现宽带匹配。

共轭匹配：共轭匹配指的是对于传输线的任意参考面，当输入阻抗 Z_{in} 与串联阻抗 Z_g 的共轭 Z_g^* 满足 $Z_{in}=Z_g^*$ 的情况，在共轭匹配下负载可以实现最大的功率吸收，一般对于二极管的输入端，要求其与微带电路进行共轭匹配，实现吸收功率的最大化,减小杂散信号产生的能量耗散。

2.3.2 混频电路

1. 太赫兹混频器应用

在太赫兹接收系统中,超外差(Heterodyne)接收机前端,是一种广为采用的接收机前端结构。在太赫兹雷达、成像、反恐安检及通信系统中有非常重要的应用。超外差接收机利用了非线性器件进行信号的频率转换,其组成框图如图 2-33 所示。

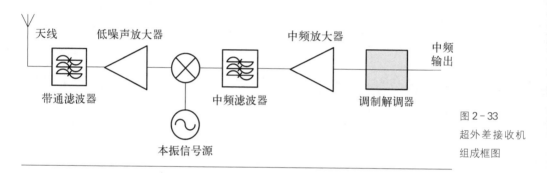

图 2-33
超外差接收机
组成框图

超外差接收机前端主要由接收链路前级、混频器以及后级中频输出等部分组成。射频(Radio Frequency,RF)信号经过预选滤波器进行频率选择,经过低噪放(Low-Noise Amplifier,LNA)进行信号放大,随后进入混频器与本振(Local Oscillator,LO)信号进行混频,混频所得的中频(Intermediate Frequency,IF)信号则经后级滤波、放大以及调制解调后输出。经超外差接收机混频所得的中频信号频率一般介于射频频率和本振频率之间,与其他形式的射频接收机相比,超外差式接收机系统工作频段较低,可以实现高增益特性,根据其系统特点,可以通过调节本振信号实现射频信号的多频段窄带接收。

2. 混频器工作原理

作为太赫兹超外差接收机前端的核心部件,混频器性能的好坏对整个系统的性能产生重要影响。二极管以及场效应晶体管都可以作为混频器的非线性器件,采用三极管混频可以实现混频增益,但由于结构复杂以及本振泄露,目前太赫兹频段应用较少,采用肖特基二极管混频具有噪声温度低,工作频率高以及结构简单等优点,是太赫兹混频器研究的热点。

太赫兹二极管混频器是一个三端口元件,其中射频和本振为输入端,中频为输出端,与倍频器结构类似,主要包括混频二极管、输入输出过渡、匹配网络以及频率选择等部分。混频器可以利用混频二极管的非线性,将本振信号及射频信号的频率搬移,得到这两个输入的信号的和频、差频或其他高次谐波组合分量。与倍频器不同的是,混频器除了可以实现上变频外,也可以实现下变频。

3. 混频器分类

肖特基二极管混频器的实现方式,主要有以下两种。

(1) 基波混频器:属于出现最早的混频器结构,具有应用范围广,电路形式简单,可以实现上边带和下边带的双边带信号检测的特点。但由于其本身的结构所限,与后期出现的分谐波混频器相比,隔离度和噪声系数较差,并且由于对本振信号的要求较高,在太赫兹频段的应用范围较少。

假设本振信号为 $v_L(t)$,待转换信号为 $v_S(t)$,分别可表示为

$$v_L(t) = V_L \cos \omega_L t \qquad\qquad (2-47)$$
$$v_S(t) = V_S \cos \omega_S t$$

式中,V_L 为本振信号的幅度;ω_L 为本振信号传输角频率;V_S 为待转换信号的幅度;ω_S 为待转换信号传输角频率;t 为信号传输时间。

若 $V_L \gg V_S$,可以认为管芯由本振驱动,此时若设管子特性由公式 $i = f(v)$ 表示,则瞬时电流为

$$
\begin{aligned}
i &= f(V_0 + V_L \cos \omega_L t + V_S \cos \omega_S t) \\
&= f(V_0 + V_L \cos \omega_L t) + f'(V_0 + V_L \cos \omega_L t) V_S \cos \omega_S t \\
&\quad + \frac{1}{2!} f''(V_0 + V_L \cos \omega_L t) V_S^2 \cos^2 \omega_S t + \cdots
\end{aligned}
\qquad (2-48)
$$

二极管的时变电导 $g(t)$ 为

$$g(t) = f'(V_0 + V_L \cos \omega_L t) = \frac{\mathrm{d}i}{\mathrm{d}V} \big|_{V=V_0 + V_L \cos \omega_L t} \qquad (2-49)$$

由此可得近似量

$$i(t) = g(t)V_S(t) = f'(V_0 + V_L \cos \omega_L t)V_S \cos \omega_S t$$

$$= g_0 V_S \cos \omega_L t + \sum_{n=1}^{\infty} g_n V_S \cos(n\omega_L \pm \omega_S)t \qquad (2-50)$$

式中，g_n 为二极管在 n 次谐波下的时变电导。

基波混频技术本身结构简单，但对于本振源输出稳定性要求较高。2009年，Hari Ohm Roy、Sanjib Mandal 等研制了一个宽中频的 140 GHz 正交场基波混频器。当射频频率为 142 GHz、本振频率为 140 GHz、功率为 10 dBm 时，变频损耗约为 8 dB，射频本振端口的隔离度为 28.3 dB[18]。

（2）谐波混频器：采用两只或多只二极管的混频器，类似于之前探讨的平衡式倍频电路结构，利用管芯之间的相位关系，使奇次或偶次的谐波分量被抵消，而本振相位噪声可以在两管电流中因抵消而降低，与基波混频器相比，其变频损耗更低。

谐波混频器利用了本振的偶次或奇次谐波分量与接收到的太赫兹信号进行混频，所需的本振工作频率仅为射频信号频率的 $1/n$（n 为正整数）。可利用较为成熟的毫米波或太赫兹频段低端的信号源作为本振，大幅度降低了接收机前端系统的技术难度。

则根据式（2-43）及式（2-44）可知，管对总电流为

$$i = i_1 + i_2 = I_{S0}(e^{\alpha V} - e^{-\alpha V}) = 2I_{S0} \sinh(\alpha V) \qquad (2-51)$$

式中，$\alpha = \frac{q}{\eta k T}$。

若假设外部加载本振电压 $v = V_L \cos \omega_L t$，若在此基础上再加入射频小信号能量 $v_S = V_S \cos \omega_S t$，则混频电流为

$$i = g v_\mathrm{S}$$

$$= 2\alpha I_{\mathrm{S}0} V_\mathrm{S} \cos \omega_\mathrm{S} t \left[I_0(\alpha V_\mathrm{L}) + 2I_2(\alpha V_\mathrm{L}) \cos 2\omega_\mathrm{L} t + 2I_4(\alpha V_\mathrm{L}) \cos 4\omega_\mathrm{L} t + \cdots \right]$$

$$= 2\alpha I_\mathrm{S} V_\mathrm{S} \big[I_0(\alpha V_\mathrm{L}) \cos \omega_\mathrm{S} t + I_2(\alpha V_\mathrm{L}) \cos(2\omega_\mathrm{L} \pm \omega_\mathrm{S}) t$$

$$+ I_4(\alpha V_\mathrm{L}) \cos(4\omega_\mathrm{L} \pm \omega_\mathrm{S}) t + \cdots \big] \tag{2-52}$$

根据反向并联的平面二极管对在电路中的形式,可将分谐波混频器分为串联型和并联型,如图 2-34 所示。图中 P_RF 为射频端输入功率,P_IF 为中频端输出功率。

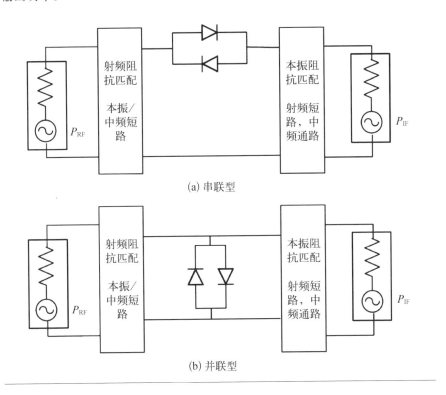

(a) 串联型

(b) 并联型

图 2-34
反向并联二极管对拓扑结构示意图

实现太赫兹分谐波混频技术,同时反向并联二极管对混频具有以下优点:

① 混频信号中不包含本振奇次谐波分量,间接增加了偶次谐波混频分量,且幅度为单管两倍;

② 降低变频损耗,本振的奇次谐波仅存在于管对环路内,减少了管对电路输出的干扰频率;

③ 外部电路中无需添加直流偏置回路,简化了电路构成,降低了加工难度。

典型的分谐波混频器例子如下。

2016 年,电子科技大学的牛中乾等基于中国电科 13 所研制的反向并联混频二极管设计一款 850 GHz 分谐波混频器,二极管采用倒装焊的形式焊接到砷化镓基片上,利用二极管进行三维电磁建模对电路进行优化,仿真结果显示,在 6 dBm 的中频泵浦功率下,在 840~880 GHz 的带宽内,混频器的变频损耗低于 12 dB[19]。

2017 年,美国航空航天局、美国弗吉尼亚二极管公司、弗吉尼亚大学和瑞典的查尔姆斯大学 B. T. Bulcha 等报道了工作频率达到 3~5 THz 谐波混频器[20]。砷化镓基片厚度仅为 2 μm,谐波次数为四次。测试结果表明:本振频率为 750~1 100 GHz 时,射频信号为 3~5 THz,本振回波损耗在 900 GHz 以上小于 10 dB。

4. 混频器主要指标

在太赫兹频段,混频器主要有变频损耗、噪声系数以及本振-射频端口隔离度等几个主要技术指标。

(1) 变频损耗

衡量混频器性能的最重要指标是变频损耗,定义为输入端的射频信号功率与输出端的中频信号功率之比,表达式是

$$L(\text{dB}) = 10\lg\frac{\text{射频信号功率}}{\text{中频信号功率}} = L_\rho + L_\gamma + L_\epsilon \qquad (2-53)$$

式中,L_ρ 为电路失配损耗,dB;L_γ 为二极管管芯结损耗,dB;L_ϵ 为非线性电导净变频损耗,dB。

① 失配损耗

失配损耗来自射频输入端口和中频输出端口的不匹配。假设射频输入端口的电压驻波比为 S_{RF},中频输出端口的电压驻波比为 S_{IF},则混频器的失配损耗为

$$L_{\rho}(\text{dB}) = 10\lg \frac{(S_{\text{RF}}+1)^2}{4S_{\text{RF}}} + 10\lg \frac{(S_{\text{IF}}+1)^2}{4S_{\text{IF}}} \qquad (2-54)$$

② 二极管管芯结损耗

管芯结的损耗主要由二极管的电阻 R_{S} 和电容 C_{j} 造成的。在混频器工作时,只有加在非线性结电阻 R_{j} 上的信号才可能参与频率变换,而电阻 R_{S} 和电容 C_{j} 对结电阻 R_{j} 的分压作用使得信号功率被损耗一部分,结损耗为

$$L_{\gamma}(\text{dB}) = 10\lg\left(1 + \frac{R_{\text{S}}}{R_{\text{j}}} + \omega^2 C_{\text{j}}^2 R_{\text{S}} R_{\text{j}}\right) \qquad (2-55)$$

③ 非线性电导净变频损耗

非线性电导净变频损耗主要来自谐波能量的分配关系。从整体上看,非线性电导净变频损耗受混频器的混频管电路、各波端口情况以及本振功率等影响。

(2) 噪声

在电子系统中,不必要的噪声会对系统工作产生干扰。对于混频器而言,除了所需接收的信号,其余的所有信号都被认为是混频器噪声。噪声将会降低混频器信号接收能力,掩盖比较微弱的信号。噪声温度和噪声系数是衡量混频器性能的重要指标,也是在电路设计时需要考虑的重要方面。

混频器的噪声主要来自外部接收以及系统内部。根据噪声的产生原因,噪声可以划分为以下几类。

① 热噪声

混频器的热噪声由电阻中自由电子的热运动所引起。当温度趋近于绝对零度时,电子的热运动停止,热噪声变为零,当温度升高时,热运动加剧,因此热噪声与温度成正比。电子的热运动属于无规则的随机运动,由热运动所产生的平均电流为零,热运动对定向电流没有影响,但是会使导体两端的电压产生波动。在实际工程中,热噪声的来源为系统的温度,电阻中自由电子热运动产生的热噪声可以近似为一个外部级联的电压噪声源,其电压均方差为

$$v_n^2 = 4kBTR_S \qquad (2-56)$$

式中,B 为测量范围内噪声带宽。热噪声是白噪声,其幅度大小服从高斯分布。

② 散粒噪声

当二极管的电子越过势垒时会发生随机运动,这些随机运动与电子的离散特性导致二极管产生散粒噪声。产生散粒噪声时需要有电流流经二极管,并且二极管的势垒会对通过的电流产生影响。散粒噪声属于白噪声,具有循环平衡的特点,会通过 LO 循环。

散粒噪声可以近似为在二极管金-半接触区的一个电流分路,假设金-半接触上随机分布电流脉冲的平均值为 I,其电流的均方差为

$$i_{shot}^2 = 2qIf \qquad (2-57)$$

式中,q 为单位电荷电量。

可知散粒噪声的幅值大小服从高斯分布。

常温条件下,噪声主要由散粒噪声和热噪声两者组成。

③ 闪烁噪声

闪烁噪声是由载流子的随机俘获和释放等波动现象所产生的噪声,另外载流子迁移率波动也会对闪烁噪声产生影响。当频率下降时,闪烁噪声功率会升高,所以当接收机工作在低频段时,闪烁噪声的影响会比较严重。其功率谱密度经验公式可表示为

$$N^2 = \frac{K_f}{f^n} \Delta f \qquad (2-58)$$

式中,N^2 为均方根噪声(电压或电流);K_f 为与具体器件有关(并且一般来说也与偏置有关)的经验参数;n 为一个通常(但并不总是)接近于 1 的指数。

④ 爆米噪声

爆米噪声又叫爆破噪声或双稳噪声,对于杂质十分敏感。爆米噪声最早是在接触二极管内发现的。爆米噪声的功率密度分布呈现双峰状,双峰之间的间隔周期位于音频范围,因此可以通过音频系统听到爆米噪声所产生的声

音。假设 K_p 为一个经验常数,其值取决于实际工艺以及外加偏置;f_v 为爆米噪声功率密度双峰分布趋于平坦的拐角频率,采用经验公式,爆米噪声的功率谱密度一般定义为

$$N^2 = \frac{K_p}{1+(f/f_v)^2} \Delta f \qquad (2-59)$$

⑤ 单边带与双边带噪声

在混频电路中,单边带(Single Side Band, SSB)噪声温度指的是由单一的 RF 频率所引发的噪声,双边带(Double Side Band, DSB)噪声指的是由 RF 以及镜频两个输入信号同时引发的噪声。根据混频器接收信号为单边带信号或双边带信号,可分别计算其噪声系数。混频器 RF 信号和镜频信号在输出噪声温度相等时,输入双边带的混频器噪声温度 F_{DSB} 仅为单边带混频器噪声温度 F_{SSB} 的一半。

$$F_{\text{SSB}} = 2F_{\text{DSB}} \qquad (2-60)$$

可见 F_{DSB} 比 F_{SSB} 低 3 dB。

除了之前介绍的几种主要噪声源之外,混频器中还包含了热电子噪声和高场噪声等其他噪声。这些噪声来源于散射效应,同样会对电流分布产生影响。对于这些噪声的分析需要深入研究电子传输机制以及二极管混频原理。

(3)动态范围

动态范围是指混频器正常工作时,接收到的微波输入功率范围。动态范围的下限为混频器能分辨信号的最小功率,受外界的应用环境影响;动态范围的上限通常对应器件的 1 dB 压缩点,受到射频输入功率饱和的限制。

(4)工作频率

混频器工作频率指工作状态下性能达到某些特定指标时各端口的频率范围。混频器的工作频率范围与混频二极管及电路设计有关。

(5)端口隔离度

某一端口的隔离度定义为该端口泄漏到其他端口的功率与该端口原功率

的比值。在混频器中,端口隔离度具体包括射频-中频、本振-中频以及本振-射频隔离度这三种。在太赫兹混频电路中,中频信号的频率本振和射频这两个端口的频率相差最远,并且在电路中通常会利用频率选择滤波器实现中频信号的输出,因此一般本振-中频以及射频-中频的隔离度较高,在实际测量时主要关注本振-射频端口的隔离度。在两个端口中,射频是小信号,本振是大信号,在实际设计中,比较好的思路是将本振与射频输入信号分布在混频二极管的两端,中频信号与射频信号放置于二极管一端,这样做更有利于提高本振-射频端口隔离度。不仅如此本振信号单独馈入二极管也简化了输入网络。

根据混频器结构的不同特点,对于基波混频器,可以采用平衡式结构进行优化,利用多管芯形成拓扑回路,抑制杂散信号泄漏,从而提高本振-射频端的隔离度。对于分谐波混频器,由于输入的标准波导具有高通低截止特点,并且射频信号与本振信号相差较大,其本身从结构上实现了很好的本振-射频端口隔离,在此基础上可以增加本振低通滤波器,阻止射频信号的耗散。

5. 混频器设计

与倍频电路设计类似,基于太赫兹平面肖特基二极管的混频电路设计同样涉及过渡结构、微带传输线以及匹配等无源电路结构设计的内容。相关设计可以参照之前介绍的倍频器设计部分内容。

设计混频器,需要使本振以及射频信号最大量的馈入二极管,同时获取最优的中频信号,降低噪声和混频损耗。由于射频和本振频率较高,一般通过标准矩形波导实现信号的输入,而 IF 频率较低,可由 SMA 接头进行输出。利用波导-微带过渡结构式可以使输入信号较好地耦合进平面微带电路。通过本振、中频低通滤波器作为端口选频网络,滤掉无用的谐波以及保证端口隔离。利用匹配网络将各端口的阻抗牵引到二极管,实现输入与输出的最优。

在实际工程中,要根据需求来进行具体设计,还要根据当前的设计以及工艺加工水平权衡利弊,使电路性能与复杂度满足要求。

2.3.3 检波电路

1. 检波器应用

前节介绍,基于肖特基二极管的超外差式混频接收机技术比较成熟,容易得到稳定和足够大的放大量,具有很高的灵敏度和噪声系数,多用于航天遥感、深空探测等对灵敏度要求较高的研究领域。但是其结构稍显复杂,并且需要提供本振信号,因此功耗较高,在小型化的道路上难以有大的进展。

与超外差式接收机相比,直接检波接收机具有结构简单、功耗低、噪声小、体积小、成本低等优点,一般应用在对灵敏度要求较低的情况下,或主动成像等应用背景下。随着太赫兹技术在医学成像、反恐安检、遥感探测领域的应用越来越广泛,太赫兹检波技术受到的关注度也在日益增加。

检波器的功能是将一个微波信号的幅值信息转换成一个基带信号,是太赫兹信号直接探测系统的关键部件,可用于状态监视器、信号强度指示器、测试指示、视频控制和自动增益控制等方面,起到功率探测的作用。在收发机系统中,检测发射或接收信号的功率,可以进行链路中放大器的增益控制,进而实现系统中的闭环控制,最终获得指标要求的信号电平。另外一方面,检波器也可以做为零中频形式的直接检波式接收机,直接检波射频信号从而得到所需的低频信号,相比于超外差式多次变频接收机,其接收灵敏度会降低,但结构比较简单,由天线和检波器组成。可以更方便地用于接收阵列中,频带相对更宽,可以减少系统成本。

国外检波技术起步较早,肖特基二极管检波器的研制较为成熟。2012年,美国 VDI 公司的 Jeffrey L. Hesler 等报道了用于太赫兹高速无线通信 325~500 GHz 宽带太赫兹包络检波器[21],在 325~500 GHz 有较好的实测结果,电压灵敏度典型值为 1 250 V/W。

目前,VDI 处于太赫兹检波器的领先位置,其研制的波导、准光检波器,频率覆盖了 100~1 650 GHz,对应的典型响应度可达 300~3 000 V/W[1]。除此以外,德国的 PRG 公司开发的肖特基二极管波导检波器,工作频率为 50~900 GHz,响应度为 300~4 000 V/W。

2. 检波器原理

二极管检波器的原理图如图 2-35 所示。为了提高检波器的灵敏度,外加偏置电压为 V_{bias},在给二极管加上偏压的同时,利用偏置电路消除加偏网络对整个电路其他部分的影响,图中 L_p 为扼流圈电感,C_p 为旁路电容,分别为直流低频信号以及射频信号提供电流回路。有的检波器为了简化电路,会采用零偏置方案。

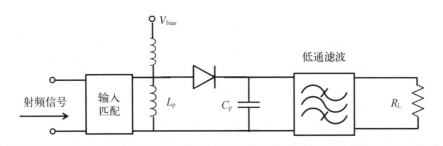

图 2-35
二极管检波器
原理图

与倍频混频原理相似,射频信号输入端通过匹配网络后,馈入二极管,由于非线性电阻 R_j 的作用,会发生变频效应,产生射频信号的 n 次谐波频率电流。其中 $n=0$ 时,即为检波出来的低频电流,电流流过负载电阻 R_L 后,可测得所需的电压信号,后端低通滤波器可以抑制基波电流。具体分析如下。

当二极管在偏压 V_0 下时,假设直流偏流为 I_0,当加载一个较小的交流电压 δV,利用泰勒级数可以展开为

$$i(V) = i(V_0) + \delta V \frac{\mathrm{d}i}{\mathrm{d}V}\Big|_{I_0} + \frac{\delta V^2}{2!}\frac{\mathrm{d}^2 i}{\mathrm{d}V^2}\Big|_{I_0} + \cdots + \frac{\delta V^n}{n!}\frac{\mathrm{d}^n i}{\mathrm{d}V^n}\Big|_{I_0} + \cdots$$

$$(2-61)$$

假设 δV 的幅值和频率与射频信号相等,且其高于二阶的项可以忽略,有

$$i(V) = i(V_0) + V_m\cos(\omega_S t)\frac{\mathrm{d}i}{\mathrm{d}V}\Big|_{I_0} + \frac{V_m^2\cos(\omega_S t)^2}{2}\frac{\mathrm{d}^2 i}{\mathrm{d}V^2}\Big|_{I_0} \quad (2-62)$$

于是

$$\Delta i = V_m \cos(\omega_s t) \left. \frac{\mathrm{d}i}{\mathrm{d}V} \right|_{I_0} + \frac{V_m^2 \cos(\omega_s t)^2}{2} \left. \frac{\mathrm{d}^2 i}{\mathrm{d}V^2} \right|_{I_0} \qquad (2-63)$$

式中,V_m 为传输信号的幅值;ω_s 为传输信号的角频率;t 为信号传输时间。

Δi 中含有直流项、基波项和二次谐波项,其中直流项与输入端射频信号幅度的平方成正比,在输出端中提取出直流分量,就可实现射频信号功率的检测。

当输入连续波信号时,如调幅波、脉冲波等,输出检波信号为低频非直流信号,波形与信号调制前的波形近似,输出信号时域波形如图 2-36 所示。

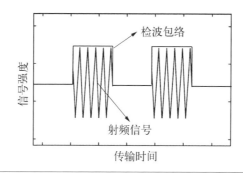

图 2-36
射频信号与检波包络信号时域波形示意图

3. 检波器分类

目前从结构上对检波器进行分类,主要可以分为三种结构,具体如下。

(1) 波导式检波器

波导式太赫兹零偏置高速检波器是高频信号检波器的常用方案,目前 VDI 及国内外大多数科研团队都采用过这种检波器结构。从结构上看,波导式检波器与之前介绍的倍频器以及混频器结构极其相似,一般是输入信号由矩形波导输入,通过波导-微带探针过渡结构将射频信号由波导耦合到微带电路中,微带电路传输线一般为微带线或悬置微带线,检波二极管集成在微带电路中,通过其本身的整流作用,将输入的射频信号转化为直流信号,通过低通滤波器,输出可以检测的直流信号。这种结构形式简单,可以充分发挥检波管高灵敏度的优势。

（2）差分式波导检波器

在实际的检波过程中,会不可避免地接收到一些低频干扰信号,使检测信号的质量恶化,增加误码率。波导检波器并不能有效地滤除这些噪声信号,在对检波要求比较高的场合,可以采用差分式波导检波器。差分式波导检波器的原理类似于定向耦合器,利用波导功分器将输入信号分为幅度相等,相位相反的两部分,然后在各自的支路分别经过检波,最后进行差分放大输出。差分式波导检波器消除了低频信号的干扰,同时也增加了可检测的功率上限,但同时也增加了设计的难度并且对波导腔体加工精度提出了更高的要求。

（3）准光式检波器

通常,采用波导式结构的检波器工作频带在 $0.1 \sim 10$ THz 内,检波电压灵敏度的典型值在 $400 \sim 1\,000$ V/W。但是受波导本身的限制,检波器的带宽被限制在 50% 的带宽之下。在一些无源成像等领域通常采用超宽带的准光式检波器,二极管安装在宽带范围内阻抗变化较小的微带天线上,在雷达被动成像中还可通过设计准光检波器阵列式来实现相关功能[22],如图 2-37 所示。相对于波导式结构,准光式检波器具有宽带特性,但灵敏度相对较低且 NEP 偏大。

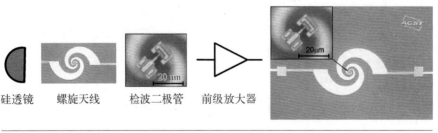

硅透镜　　螺旋天线　　检波二极管　　前级放大器

图 2-37
准光式检波器[21]

4. 检波器性能指标

（1）电流灵敏度

设输入信号功率为 P_S,直流电流为 i_d,则电流灵敏度 P_i 定义为:输入射频信号的变化引起的直流电流的改变与输入射频功率的比值。表达式如下

$$P_i = \frac{\Delta i_d}{P_S} \qquad (2-64)$$

通常,检波管受到电路分压和器件分布参数的影响,实际的输入电压并不等于在二极管结上获得的电压。根据此前介绍的二极管参数模型,检波二极管结上获取的电压 V_j 为

$$V_j = \frac{V}{\left(1 + \dfrac{R_s}{R_j}\right) + j\omega C_j R_s} \qquad (2-65)$$

式中,j 为虚数计算单位;ω 为角频率;R_s 为串联电阻。

由式(2-65)得出,V_j 此时与结电阻 R_j 降压和结电容 C_j 分流成反比关系。最终检波二极管的实际电压可以用 $v = V_j \cos(\omega_s t)$ 来表示。

由于通过非线性整流,这里得到其电流分量 i_d 如式(2-66)所示:

$$i_d = \frac{V_j^2}{4}\left[1 + \cos(2\omega_s t)\right]\frac{d^2 i}{dV^2} = \frac{V_j^2}{4}\left[1 + \cos(2\omega_s t)\right]\frac{\alpha}{R_j} \qquad (2-66)$$

式中 $\alpha = q/\eta kT$。若存在串联电阻 R_s 的作用,二极管的电流灵敏度为

$$\beta_i = \frac{i_d}{P_s} = \frac{\alpha}{2\left(1 + \dfrac{R_s}{R_j}\right)\left[\left(1 + \dfrac{R_s}{R_j}\right) + (\omega_s C_j)^2 R_s R_j\right]} \qquad (2-67)$$

式中,P_s 为输入信号功率。

(2)电压灵敏度 β_v

电压灵敏度的定义与负载值相关。当二极管开路时(假设负载为无穷大),结电阻 R_j 两端的压降等于结电阻与电流灵敏度之积

$$R_j = \left(\frac{dI}{dV}\right)^{-1} \qquad (2-68)$$

可得开路电压灵敏度

$$\beta_{v0} = \beta_i \times R_j = \beta_i \left[\alpha(I_s + I_0)\right]^{-1} \qquad (2-69)$$

对于有限负载,即 R_L 不为无穷大时,需对 β_{v0} 的表达式进行修正,即乘以一

个视在电阻 R_v，且当 $R_S \ll R_j$ 时，$R_v \approx R_j$，此时获得的有载电压灵敏度为 β_v
可表示为

$$\beta_v = \frac{0.5}{(I_s + I_0)\left(1 + \dfrac{R_j}{R_L}\right)[1 + (\omega_S C_j)^2 R_S R_j]} \quad (2-70)$$

（3）视频电阻

检波器的视频电阻指的是检波器输出端所表现出的视频阻抗。一般检波器整流后输出低频或直流的信号，输出信号一般功率较小，需要利用视频放大器进行放大，随后在示波器上进行读数测量。视频电阻的数值在 1 至数千欧姆之内。

（4）动态范围和烧毁能量

检波电压和输入信号功率的关系示意如图 2-38 所示。按工作特性划分，二极管检波工作区可以分为三个部分：平方率区、线性区以及饱和区。

当输入的射频信号功率较小时，对应的信号电压也较小，此时检波管输出的低频、直流电压与输入功率呈平方正比关系，平方率区是理想检波管的主要工作区。随着射频信号功率逐渐增大，超过压缩点（A 点）时，输出的低频、直流电压与输入信号近似为线性关系，对于

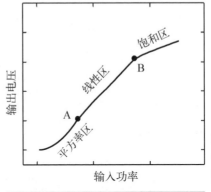

图 2-38
检波器的动态
范围示意图

较大信号的检波一般在线性区。当射频信号功率超过（B 点）后，二极管内部会产生与检波电流方向相反的电流，此时检波管进入饱和区，对射频信号的检测受限。当功率进一步增大时，内部反向电流剧增，导致二极管发生热损毁。实际检波时，要控制输入信号，使二极管尽量工作在平方率区或者线性区。

（5）等效噪声功率

与二极管混频器类似，检波器的噪声主要由电阻自由电子热噪声、散粒噪

声、爆米噪声以及闪烁噪声等部分组成。其中电阻热噪声来源于电阻内部自由电子的随机热运动,与外部系统温度和电阻大小有关,不受工作频率的影响;散粒噪声受流经二极管的电流以及势垒的影响,与流经二极管的电流成正比;闪烁噪声是由于额外的杂质以及缺陷等不确定性因素产生,当频率升高时,闪烁噪声将会减小。

检波器可检测的最小功率用等效噪声功率密度(Noise Equivalent Power, NEP)表征,它是检波器的重要性能指标,在数值上等于电流噪声密度与电流灵敏度之比或者是电压噪声密度与电压灵敏度之比。

$$\text{NEP} = \frac{i_{nd}}{\beta_i} = \frac{\upsilon_{nd}}{\beta_\upsilon} \qquad (2-71)$$

式中,i_{nd}为电流噪声密度;υ_{nd}为电压噪声密度;β_i为电流灵敏度;β_υ为电压灵敏度。

2.3.4 发展趋势

自 20 世纪 90 年代开始,平面型肖特基二极管应用于太赫兹倍频以及混频电路当中,历经 20 余年的发展,目前基于肖特基二极管的太赫兹固态电子器件与电路技术已成为目前最具应用前景的太赫兹技术之一,相关研究近些年来取得了突破性进展[8]。

国内外的诸多学者在二极管器件优化、电路设计、工艺及新材料开发上不断深耕,相关技术朝着更高频段、更低变频损耗、更大输出功率以及更高集成度的方向发展。下面对其中几个典型技术发展做简单介绍。

1. 高功率太赫兹器件热管理——金刚石散热技术

在太赫兹频段,受加工成本、材料切割难度等因素的影响,电路的衬底多为易加工的石英以及砷化镓等,电路散热能力受到限制。金刚石是自然界导热率最高的材料,其导热率达到 2 000 W/(m·K),可以作为平面集成电路中良好的耐热和导热衬底材料。

2016年，美国航天航空局的 Tero Kiuru 等设计加工了衬底背敷金刚石技术的太赫兹倍频集成电路芯片，将 5 μm 的 GaAs 薄膜通过聚酰亚胺材料与 20 μm 厚的金刚石基底进行粘贴，以另外两个 5 μm 和 40 μm 厚的 GaAs 薄膜衬底作为对比，在三组衬底上设计相同的倍频集成电路，然后进行热特性结果分析(图 2-29)。通过对比阳极结最大结温、器件总热阻以及器件总的冷却时间等参数，发现背敷金刚石的 GaAs 衬底在 20～380 K 时其耐热性要优于其他两组[23]。

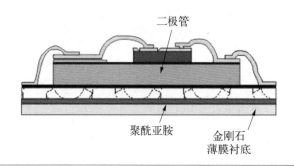

二极管

聚酰亚胺　　金刚石
　　　　　　薄膜衬底

图 2-39
GaAs 薄膜衬底
背敷金刚石[23]

2. 波导功分器与 MEMS 加工结合——太赫兹功率合成技术

随着频率升高，要获得高的输出功率的难度增大。继续提高倍频器的输出功率的有效方法，就是在之前所介绍的平衡式倍频结构的基础上，采用功率合成的手段，将 2 路或者 4 路倍频电路的功率进行合成输出。

首先采用两路倍频性能完全相同单倍频电路进行倍频输出，然后利用 Y 型结将两个单倍频电路的腔体进行结合，通过输入、输出端口隔离度以及驻波等参量，使输出功率近似为单路倍频的两倍。2008 年 3 月，JPL 的学者制作并报道了 300 GHz 倍频器，采用正交混合电桥将两路进行功率合成，在 265～330 GHz 频段内获得了良好的性能。在平面型两路功率合成结构的基础上，JPL 实验室的学者们更进一步，设计了具有空间型四路倍频功率合成式结构的倍频器[24]，经过四功率合成，倍频器在 300 GHz 的输出功率超过了 45 mW。

目前太赫兹电路的外围腔体材质一般为金属。太赫兹波的波长在 3 mm～30 μm，对加工精度的要求在微米量级以下，传统的机械加工工艺较难实现，限制了太赫兹系统的集成度。微机电系统技术（Micro Electro Mechanical System，MEMS）是一种新型的高精度多层立体微加工技术。MEMS 工艺技术特别适合制造太赫兹部件，基于其特有的三维立体加工手段，以硅作为芯片壳体，在硅表面镀金，取代传统的金属盒体，可以实现太赫兹腔体的精细加工以及内部多层立体布局，大幅度提高了太赫兹系统的加工精度和集成度，降低了系统成本。

2015 年，JPL 的 Jose V. Siles 等学者在功率合成基础上利用硅基微机电系统加工技术设计实现了微集成的 550 GHz 三倍频器，如图 2-40 所示，测试结果显示，在 520～600 GHz 的宽带内，其整体倍频效率达到 4%[25]。

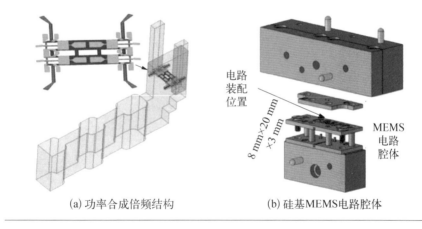

图 2-40
基于 MEMS 加工工艺的功率合成 550 GHz 三倍频器[25]

(a) 功率合成倍频结构   (b) 硅基MEMS电路腔体

3. 分立器件与电路相结合——太赫兹单片集成电路工艺技术

在太赫兹低频段，倍频和混频多是采用基于分立二极管的混合集成电路，利用导电胶将二极管倒装焊于电路中。随着频率上升，混合集成中不可避免的装配误差会对电路的性能产生越来越严重的影响，由此太赫兹单片集成电路成为发展的必然趋势。

单片集成电路技术将二极管与外围电路结合在同一基片上，并直接安装到腔体里,消除了二极管封装时引入的寄生效应,降低电路的不确定因素,提高了可靠性。按衬底材料划分,太赫兹单片集成电路可以分为采用薄膜单片集成以及异构单片集成两种(图2-41)。薄膜单片集成电路:一般以GaAs材料为衬底,在完成正面器件以及电路制作后,通过背面减薄工艺,可以将衬底厚度减薄至几十到几微米量级,可以抑制电路中高次模,降低电路传输损耗,但需要注意芯片加工中的应力问题。异构单片集成电路:也称为MASTER (The method of Adhesion by Spin-on-dielectric Temperature Enhanced Reflow)集成电路,一般采用石英作为衬底,需要采用转移衬底的方法实现电路芯片与石英衬底晶圆的异质键合。由于石英的介电常数比GaAs低,所以电路和器件的寄生和损耗小,缺点是工艺较为复杂。

(a) 薄膜单片集成电路 （b) 异构单片集成电路

图2-41
太赫兹单片集成电路结构示意图

2000年,来自JPL实验室的Steven M. Marazita等首先报道了基于MASTER工艺设计实现的585 GHz异构单片集成谐波分谐波混频器,在室温下双边带噪声温度达到了1 150 K,在77 K低温下的噪声温度为880 K。在混频损耗和噪声温度的指标上均优于当时频率相当的混频器[26]。

4. 新材料提高器件耐受功率——GaN基太赫兹肖特基二极管技术

与GaAs材料相比,氮化镓(GaN)具有较大的带隙宽度(约为3.4 eV)、强击穿电场(约为3.3 MV/cm)和高饱和电子漂移速度(约为2.5×10^7 cm/s)等物理特性。GaN倍频二极管的倍频效率低于GaAs二极管,但耐功率水平是GaAs二极管的8倍以上,因此采用GaN材料制作的肖特基倍频二极管更有利于实现大功率输出。

中国电科 13 所的梁士雄等在国内率先开展了 GaN 基太赫兹肖特基二极管的研究,通过降低 N 型 GaN 材料方阻,开发垂直深槽隔离、大跨度空气桥搭接以及衬底减薄等技术,制备了点支撑型空气桥结构的 GaN 基肖特基二极管,器件截止频率达到 902 GHz[27]。通过对器件击穿电压进行测量,发现器件具有很高的耐功率水平[28]。图 2-42 所示为 GaN 太赫兹肖特基二极管器件照片以及直流 I-V 测试曲线。

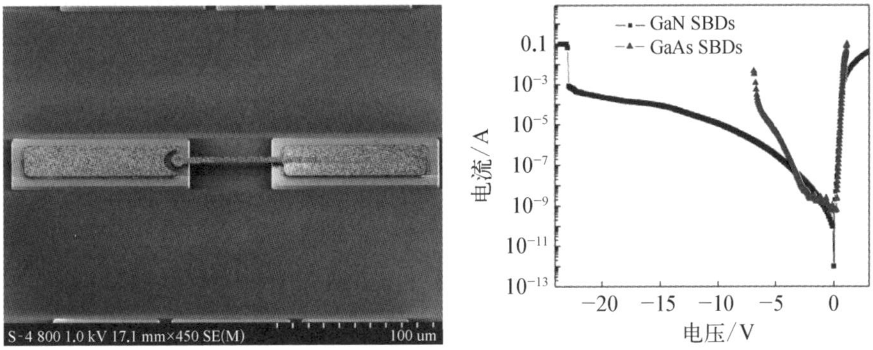

图 2-42
(a) GaN 基肖特基二极管 SEM 照片[27];(b) GaN 二极管 I-V 曲线(与 GaAs 二极管比较)[28]

(a)

(b)

参考文献

[1] Virginia Diodes Inc. Your Source for Terahertz and mm-Wave Products[EB/OL]. [2019-1-16]. http://www.vadiodes.com.

[2] Bruston J, Martin S, Maestrini A, et al. The frameless membrane:A novel technology for THz circuits [C]//Proceedings of the Eleventh International Symposium on Space Terahertz Technology, Ann Arbor, Michigan. 2000, 277-286.

[3] Alderman B, Henry M, Sanghera H, et al. Schottky diode technology at rutherford appleton laboratory [C]//2011 IEEE International Conference on Microwave Technology & Computational Electromagnetics. IEEE, 2011:43-46.

[4] 邢东,冯志红,王俊龙,等.阳极端点支撑空气桥结构太赫兹 GaAs 二极管[J].半导体技术,2013,38(4):279-282.

［5］ 李倩，安宁，童小东，等.截止频率 8.7 THz 的平面肖特基势垒二极管[J].太赫兹科学与电子信息学报.2015,13(5)：679 - 683.

［6］ 田超，杨浩，董军荣，等.一种指数掺杂的砷化镓平面肖特基变容二极管的设计与制作[J].电子器件.2011,34(1)：29 - 32.

［7］ Tang A Y. Modelling and characterisation of terahertz planar Schottky diodes[D]. Goteborg：Chalmers University of Technology，2013.

［8］ 金智，丁芃，苏永波，等.太赫兹固态电子器件和电路[J].空间电子技术,2013,4：48 - 55.

［9］ Kiuru T，Dahlberg K，Mallat J，et al. Comparison of low-frequency and microwave frequency capacitance determination techniques for mm-wave Schottky diodes[C]//2011 6th European Microwave Integrated Circuit Conference. IEEE，2011：53 - 56.

［10］ Tang A Y，Drakinskiy V，Yhland K，et al. Analytical extraction of a Schottky diode model from broadband S-parameters[J]. IEEE Transactions on Microwave Theory and Techniques，2013，61(5)：1870 - 1878.

［11］ 赵向阳，王俊龙，邢东，等.太赫兹平面肖特基二极管参数模型研究[J].红外与激光工程，2016,45(12)：12250041 - 12250046.

［12］ Hesler J L. Planar Schottky diodes in submillimeter-wavelength waveguide receivers[D]. Charlattesville：University of Virginia，1996.

［13］ Maestrini A，Thomas B，Wang H，et al. Schottky diode based terahertz frequency multipliers and mixers[J]. Comptes Rendus Physique. 2010，11(7)：480 - 495.

［14］ Dahlbäck R，Drakinskiy V，Vukusic J，et al. A compact 128 - element Schottky diode grid frequency doubler generating 0.25 W of output power at 183 GHz[J]. IEEE Microwave and Wireless Components Letters，2017，27(2)：162 - 164.

［15］ Maestrini A，Mehdi I，Siles J V，et al. Design and characterization of a room temperature all-solid-state electronic source tunable from 2.48 to 2.75 THz[J]. Terahertz Science and Technology，IEEE Transactions on，2012，2（2）：177 - 185.

［16］ Siles J V，Maestrini A，Alderman B，et al. A single-waveguide in-phase power-combined frequency doubler at 190 GHz[J]. IEEE Microwave and Wireless Components Letters，2011，21(6)：332 - 334.

［17］ Porterfield D W. High-efficiency terahertz frequency triplers[C]//2007 IEEE/MTT-S International Microwave Symposium. IEEE，2007：337 - 340.

［18］ Roy H O，Mandal S，Malik A，et al. Crossbar mixer at 140 GHz with wide IF bandwidth[C]//2009 Applied Electromagnetics Conference（AEMC）. IEEE，2009：1 - 4.

［19］ Niu Z，Zhang B，Fan Y，et al. The design of 850 GHz subharmonic mixer based on Schottky diodes［C］//2016 IEEE 9th UK-Europe-China Workshop on

Millimetre Waves and Terahertz Technologies (UCMMT). IEEE, 2016: 89 - 91.

[20] Bulcha B T, Hesler J L, Drakinskiy V, et al. Development of 3~5 THz harmonic mixer[C]//42nd International Conference on Infrared, Millimeter, and Terahertz Waves (IRMMW - THz), Cancun, 2017, 1 - 2.

[21] Hesler J, Hui K, Crowe T. Ultrafast millimeter-wave and THz envelope detectors for wireless communications[C]//IEEE International Topical Meeting on Microwave Photonics, Netherlands, 2012, 93 - 94.

[22] 田遥岭,刘杰,蒋均,等.基于 Ritz-Galerkin 方法的太赫兹二极管检波器非线性分析[J],强激光与粒子束,2016,28(2):023103 - 1 - 5.

[23] Kiuru T, Chattopadhyay G, Reck T J, et al. Thermal characterization of substrate options for high-power THz multipliers over a broad temperature range [J]. IEEE Transactions on Terahertz Science and Technology, 2016, 6(2): 328 - 335.

[24] Siles J V, Thomas B, Chattopadhyay G, et al. Design of a high-power 1.6 THz Schottky tripler using 'on chip' power-combining and silicon micro-machining [C]//22nd Int. symp. space Terahertz Tech, 2011, 1 - 4.

[25] Siles J V, Jung-Kubiak C, Reck T, et al. A dual-output 550 GHz frequency tripler featuring ultra-compact silicon micromachining packaging and enhanced power-handling capabilities[C]//2015 European Microwave Conference (EuMC). IEEE, 2015: 845 - 848.

[26] Marazita S M, Bishop W L, Hesler J L, et al. Integrated GaAs Schottky mixers by spin-on-dielectric wafer bonding[J]. IEEE transactions on electron devices, 2000, 47(6): 1152 - 1157.

[27] Liang S, Xing D, Wang J L, et al. Terahertz Schottky barrier diodes based on homoepitaxial GaN materials [C]//2015 40th International Conference on Infrared, Millimeter, and Terahertz waves (IRMMW - THz). IEEE, 2015: 1 - 2.

[28] Liang S, Fang Y, Xing D, et al. Realization of GaN-based high frequency planar schottky barrier diodes through air-bridge technology [C]//2014 12th IEEE International Conference on Solid-State and Integrated Circuit Technology (ICSICT). IEEE, 2014: 1 - 3.

太赫兹
负阻器件

3.1 太赫兹共振隧穿二极管

3.1.1 共振隧穿二极管概论

共振隧穿二极管(Resonant Tunneling Diode, RTD)是一种基于量子隧穿机制的新型高速纳米两端负阻器件,自身所具有量子效应使其拥有其他一般电子器件无法比拟的优势,即速度快、频率高、低压低功耗、负阻、双稳态及自锁的特性,特别是在完成同等功能时,所需要的器件数大幅地减小,这对于进一步减小芯片面积,满足其在亚毫米波、毫米波以及 THz 波的应用要求具有极大的作用。同时,与当前的各种纳米电子学器件相比,RTD 发展更为迅速更为成熟,是目前唯一能够运用常规 IC 技术进行研制与生产的器件,能够被应用于下一代集成电路,备受人们关注,成为研究热点。

1. 太赫兹共振隧穿二极管的研究背景和发现现状

人们对于微观颗粒隧穿现象的研究基本上是与量子力学理论的研究同步开始的,其中电子隧穿现象是最受关注也是应用最为广泛的。对于从金属到真空的电子隧穿现象最早是由 Lilienfeld 在 1922 年发现的。这一现象的提出,使人们对此产生了极大的兴趣,不断对这一现象所包含的内在本质与物理机制进行探索与研究,对隧穿机理提出各种的设想并对可能实现的器件不断地进行构想与实践。对于隧穿现象的研究也不断地推动着量子力学的研究与发展。随着量子力学的不断进步,第一只隧道二极管在 1958 年问世,它是由东京通信(现为索尼公司)的日本博士研究生 Leo Esaki 在首次布鲁塞尔国际固体物理会议上所提出,该二极管变现出"负阻"特性,此后该类二极管被命名为 Esaki 或隧穿二极管,由于 Leo Esaki 在半导体电子隧穿的这一开创性工作,在 1973 年他(与 Giaever 和 Josephson 一起)获得了诺贝尔物理学奖[1-4]。1969 年,Bell 实验室的 Tsu(朱兆祥)和 Esaki 提出了一种半导体超晶格(Superlattice, SL)的全新概念,即采用交替淀积超晶薄层实现一维周期势结构。1973 年,Tsu 与

Esaki 研究超晶格的电运输性质,发现了一种新的隧穿现象。他们预测该种隧穿现象在半导体超晶格的势垒中会出现,会产生像 Esaki 二极管类似的负微分电阻特性 I-V 曲线。一年之后,基于之前的理论工作,Chang(张力纲)、Tsu 和 Esaki 等采用分子束外延(Molecular Beam Epitaxy, MBE)生长了 GaAs/$Al_xGa_{1-x}As$ 异质结构,这是第一次半导体超晶格材料出现,证实了异质结势垒结构的电子隧穿特性,但是此时的 RTD 尚不能应用到实际生活中。直到 1983 年,麻省理工的 Sollner 等所研究的频率超过 400 GHz 的振荡器的成功演示,才又激发了人们对于基于共振隧穿和负微分电阻的极大兴趣。在此后一年的研究中,Sollner 等对此进一步的探索,发现电荷在异质结构中运输非常快,足以探测 2.5 THz 的信号,可以用于制造太赫兹探测器,人们对于该方向的研究兴趣大大提高。1985 年,Yokohama 等对于隧穿热电子单极晶体管的工作情况进行了详细的研究,观察到了 77 K 下电子隧穿情况。1987 年,两种不同的工作模式——相干隧穿模式和顺序隧穿模式,分别由 Weil 和 Vinter 提出,这对于共振隧穿器件的发展起到了极大的促进作用,到 1988 年 E. R. Brown 等研制的共振隧穿二极管振荡频率达到 0.2 THz。1997 年,Mreddy 等所制备的共振隧穿二极管的工作频率达到 0.65 THz。在 1998 年,自旋极化共振隧穿二极管成为研究热点[5-10]。

2001 年,英国剑桥大学的 See 等通过 n 阱带电子型 Si/SiGe 共振隧穿特性,提高了二极管的峰谷电流比(Peak to Valley Current Ratio, PVCR),达到 2.9。在此后一年,日本的 Sophial 大学利用分子束外延技术,研制出了基于 GaN/AlN 材料的共振隧穿二极管,进一步提高 PVCR,达到 32。首次实现 1.02 THz 的三次谐波 THz 振荡器于 2005 年提出,2010 年,美国的 Northwestren 大学采用金属有机化学气相沉积(Metal Organic Chemical Vapor Deposition, MOCVD)设备,研制出了抗衰减的 $GaN/Al_{0.3}Ga_{0.7}N$ 共振隧穿二极管,同年 S.Suzuki 等研制出室温下基频振荡频率超过 1.04 THz 的双势垒共振隧穿二极管,此时功率达到 7 μW。2011 年 A. Teranishi 等在 InP 为衬底的 AlAs/InAsGa/AlAs 材料体系的 RTD 基础上进一步改进,获得了室温下

1.08 THz 的振荡频率[11-13]。2015 年开始，美国 Carnegie Mellon 大学的 Sergio C.等提出了双层石墨烯六边形氮化测异质结构的共振隧穿理论并进行了研究。2016 年，日本课题小组 T. Maekawa 等，采用 InP 为衬底和 AlAs/InAsGa/AlAs 材料体系设计的共振隧穿二极管最高振荡频率为 1.92 THz[14-16]。

近几十年，美国、日本、欧洲等国家都在对共振隧穿二极管进行研发，从较成熟的 GaAs 基 RTD、InP 为衬底的 RTD 到第 3 代新型半导体材料 GaN 基 RTD 和石墨烯纳米带材料的 RTD，这些研究国家的单位对于共振隧穿二极管和其应用都进行积极的探索与研究，投入极大的热情与精力。中国也不例外，对此方面的研究工作积极开展，致力于 RTD 的研发与制备。在国内，主要研究部门有中国电科 13 所、西安电子科技大学、清华大学、中国科学院半导体研究所、天津大学、河北工业大学和天津工业大学等科研院校。2005 年天津大学郭维廉教授和中国电科 13 所重点实验室合作制作了国内第一个共振隧穿二极管单管，并于 2007 年实现了 RTD 与 HEMT 在 InP 衬底上的单片集成[17-19]。

2. RTD 的材料体系研究现状

RTD 的器件特性与其结构和材料系统有紧密关联，因此，研究人员对器件的结构和材料进行了大量的工作。

相对而言，目前运用比较广泛的 RTD 材料主要有：基于 GaAs 衬底的 AlGaAs/GaAs，基于 Si 衬底的 AlGaAs/GaAs，基于 InP 衬底 AlInAs/InGaAs 和基于 InP 衬底的 AlSb/InAs。在众多材料中，InP 衬底与 InGaAs 晶格可以很好匹配，采用常用的工艺 MBE 生长的单晶层是非常良好的，位错缺陷一般都不会出现；InGaAs 带隙约是 GaAs 带隙的一半，比较这两种材料，对于用作窄带隙的势阱材料 InGaAs 材料是更适合的，并且从阱深来看，InGaAs 材料做的阱相对更深一点，基态能量相对也低，因此对于 InGaAs 发生共振隧穿的概率也就提高；根据以上材料特性来看，基于 InGaAs 的器件对电压要求低，功率小；此外，对于 InGaAs 材料体系具有很高的击穿电场，因此更能适应于在高电场的情况。综述来看，对于 InP 材料体系，由于其自身所拥有的特性决定了其

RTD 器件所具有的工作优势,即具有较高的峰值电流密度(J_p)、较大的 PVCR 以及高速,这是其他材料体系远远达不到的优点。

虽然以上材料的共振隧穿二极管工作频率不断地提高,但是在高频工作状态下,传统 Si 基、GaAs 基共振隧穿二极管的输出功率在微瓦量级,还远远不能满足人们对于输出功率的需求。为解决这一问题,人们不断对于半导体材料进行研究与探索。随着半导体材料的迅速发展,新一代的半导体代表材料 GaN 备受关注。与传统 RTD 相比,GaN 基 RTD 有几个优点:首先,由于 Al 组分的改变,材料势垒高度发生变化,AlGaN/GaN 或者 InAlN/GaN 量子阱的深度为 0~3 eV 连续变化,这就为调整器件的能带工程提供了新的方向;其次 GaN、AlGaN 和 InAlN 等材料具有较高的电子有效质量,意味着共振隧穿器件的输出电流将会提高,也就为输出功率的提高提供了新的思路。目前对于 GaN 基共振隧穿二极管的制备多采用金属有机气相沉积与分子束外延完成,但是其负阻特性都存在随着测量次数的增加而衰减的现象,这一现象被称为退化。这主要是由于陷阱效应引起,部分电荷被缺陷俘获,因而有效势垒高度降低,传输机理被改变,造成 RTD 的负微分电阻特性不稳定。针对此问题,国内外研究者仍在进行各种探索,期望不断提高 GaN 基 RTD 的工作性能,从而满足对于输出功率的要求。

3.1.2　共振隧穿二极管物理模型

1. 顺序隧穿模型

顺序隧穿模型建立在散射作用较强的基础上,电子从发射极隧穿到势阱中能级后,由于受到散射作用电子波丧失其原始相位,达到一定的热平衡分布后再从势阱隧穿到集电区。整个 RTD 由两个无相位联系的独立隧穿过程串联而构成。

电子从发射区隧穿到势阱形成的共振态的电流密度和从势阱共振态隧穿到集电区的电流密度可以分别表示为[20,21]

$$J_1 \propto T_{\text{E}}\left[E_{\text{F}}^{(\text{E})} - E_{\text{F}}^{(\text{W})}\right]$$

$$J_2 \propto T_{\text{C}}\left[E_{\text{F}}^{(\text{W})} - E_{\text{F}}^{(\text{C})}\right] \approx T_{\text{C}}\left[E_{\text{F}}^{(\text{W})} - E_0\right] \tag{3-1}$$

式中，T_{E}、T_{C} 分别为发射势垒和收集势垒的隧穿透射率；$E_{\text{F}}^{(\text{E})}$、$E_{\text{F}}^{(\text{C})}$、$E_{\text{F}}^{(\text{W})}$ 分别为发射区、集电区和势阱共振态的费米能级；E_0 为真空中静止电子的能量。

势阱中在基态能级上积累的电荷面密度[22]为

$$n \propto D_{\text{2D}}\left[E_{\text{F}}^{(\text{W})} - E_0\right] \tag{3-2}$$

式中，D_{2D} 为二维电子气态面密度。按照前述顺序隧穿模型基本思想，达到稳态时，势阱电荷积累为一恒定值，必然有 $J_1 = J_2$，联立可得

$$J \propto \frac{T_{\text{E}} T_{\text{C}}}{T_{\text{E}} + T_{\text{C}}}\left[E_{\text{F}}^{(\text{W})} - E_0\right]$$

$$n \propto \frac{T_{\text{E}}}{T_{\text{E}} + T_{\text{C}}} D_{\text{2D}}\left[E_{\text{F}}^{(\text{W})} - E_0\right] \propto D_{\text{2D}} J / T_{\text{C}} \tag{3-3}$$

由式(3-3)可知，当 $T_{\text{E}} > T_{\text{C}}$ 时可得到较大的 n 稳定值；当 $T_{\text{E}} < T_{\text{C}}$ 时得到较小或趋于零的 n 值；当 J 一定时，T_{C} 越大则 n 值越小。

2. 相干隧穿模型

相干隧穿模型在散射作用可忽略不计，隧穿过程中相位始终保持相干的条件下才适用。这时可将 DBS 看作电子波的一个 F-B 谐振腔。双势垒相当于半透射的反射镜，双势垒之间的势阱相当于两反射镜之间的谐振腔，电子隧穿过程相当于光波进入谐振腔经多次反射后光强增强最后透射出去的过程。

现以电子波的概念描述发生共振隧穿的物理过程[23]。在图 3-1 中考虑从 E 区能量为 E 的电子经发射势垒 EB 注入势阱 W 中，电子波进入势阱后沿 z 方向运动到达收集势垒 CB。部分穿透 CB，部分被 CB 反射沿 $-z$ 方向又返回到 EB，又有部分透射回到 E 区，一部分又反射回到势阱 W。这相当于在阱内的能级上电子以速度 $v_z = \hbar k_z / m^*$ 在势垒 EB 与 CB 间振荡，其中 $\hbar$ 为约化

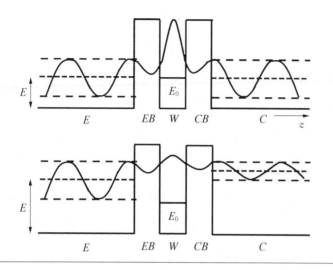

图 3-1
相干隧穿模型
示意图

普朗克常数,k_z 为波矢量在 z 轴方向的分量,m^* 为电子有效质量。每一个周期内入射势垒两次,而每次对势垒入射又伴随着一定的概率透射出势垒。如果 $E \approx E_0$ 接近共振隧穿发生的条件,则经过多次反射后势阱中的电子波振幅增强,逐渐达到一个振幅最大的稳定态,然后从势垒 CB 透射出去而对应于很大的隧穿电流即达到共振隧穿状态。与此相应的总透射率 T 与每个势垒透射率的关系[24]为

$$T(E=E_0) = \frac{4T_E T_C}{(T_E + T_C)^2} \qquad (3-4)$$

当 EB 与 CB 完全相同时,即 $T_E = T_C$,则 $T(E=E_0)=1$,隧穿电流达到最大;如果 $E \neq E_0$,则电子波在两势垒间振荡时没有相互增强,即没有达到共振条件,此时总的透射率 $T(E)$ 为 T_E 与 T_C 的乘积[25],即

$$T(E \neq E_0) = T_E T_C \qquad (3-5)$$

在这种情况下,由于 T_E 或 T_C 为一指数型数值很小的数字,故使 $T_E T_C < 1$,即共振隧穿停止。

3.1.3 共振隧穿二极管设计与制备

1. 器件和结构参数

RTD 器件设计的关键问题是通过设计结构参数来确定 RTD 结构和特性之间的关系。RTD 的特性参数主要包括以下几项[26-28]。

(1) 直流参数：① 电流 I_P，峰值电流密度 J_P，谷值电流 I_V；② 峰值电压 V_P，谷值电压 V_v；③ 电流峰谷比 PVCR（I_P/I_V），电压峰谷比 PVVR（V_P/V_V）；④ 开启电压 V_T；⑤ 负阻阻值 $|R_N|$。

(2) 等效电路参数：① 本征并联电容 C_d；② 串联电阻 R_S；③ 微分负阻 R_N。两个主要的瞬态参数阻性截止频率 f_R 和开关时间 t_r 可以分别表示为

$$f_R = \frac{1}{2\pi \mid R_N \mid C_d} \sqrt{\frac{\mid R_N \mid}{R_S} - 1}$$

$$t_r = \eta \mid R_N \mid C_d \tag{3-6}$$

式中，η 为理想因子。

RTD 的核心为双势垒单阱结构，表征结构的参数（图 3-2）主要包括[29,30]：发射区掺杂浓度 N_E、势垒宽度 L_B、势阱宽度 L_W、势阱高度 H_B 及 Spacer 层宽度 L_S。

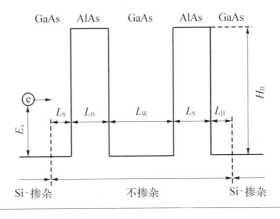

图 3-2
RTD 的材料结构参数

2. RTD 设计总体要求

RTD 设计理论的基础是器件特性参数与结构参数的关系。一般而言，根

据对高频、高速和逻辑功能各方面的要求，理想的直流参数选择的原则是：尽可能大的 I_P 值，增大器件驱动能力，提高开关速度和频率；较小的 V_P 或 V_T 值，有利于降低工作电压，降低损耗；较小的 $|R_N|$，有利于提高振荡频率和较小上升时间；较大的 PVCR，有利于增大噪声容限，提高抗干扰能力，加大逻辑摆幅，提高输出功率。而理想的直流和瞬态参数应该是尽可能大的 f_R 和尽量小的 t_r。

3. 影响 RTD 器件性能的基本因素

（1）散射的影响

电子的能量容易受到弹性散射的影响，或增大，或减小，但是，波函数的位相是不受弹性散射的影响的。在相干隧穿机制中，电子的动量如果在隧穿过程中可以始终相对稳定，这种情况被称作非直接相干隧穿。但是，一般情况下，弹性散射是不可避免的，比较典型的例子就是杂质散射。对杂质弹性散射进行计算的话，若用矩阵传递的方法，对得到的结果进行分析可以了解到，势阱的性质会受到势阱中杂质散射的影响而改变其形状，量子阱也被分成了许多个区域。简单来说可以表述为：正的散射可以使势阱的宽度变窄，势阱中的束缚态能级会因正的散射而增大；相反，负的散射会使势阱宽度变宽，势阱中的束缚态能级也会因负的散射而减小。此外，散射还会引起共振能级变宽，共振峰宽度也将相应的增加。

运用光学中的 F-B 原理，可以得出：与电子在势阱中发生相干隧穿的时间相比，弹性散射所用时间较长一些。由这一结论可知，电子在势阱中发生隧穿就必须考虑非弹性散射对透射系数所造成的影响，换句话说，受到非弹性散射的影响，电子本身会失去位相记忆，这时，电子将会以顺序隧穿的方式离开势阱，并且会引起电流增大。与相干隧穿时间相比，如果非弹性散射所用时间较短，那么两种隧穿方式所产生的隧穿电流便很难区分开来。

上述理论不仅考虑了隧穿电流受非弹性散射的影响，而且也考虑了总透射系数的影响,但是却忽略了非弹性散射态密度受非弹性散射的影响,实际情况是非弹性散射会对态密度造成非常大的影响。

(2) 空间电荷效应

基于 $F\text{-}B$ 原理,经过一定时间,电子才会达到共振隧穿的振幅。电子还未完全逃离势阱,就开始出现新的电子发生隧穿并且进入到势阱中,而对于新出现的电子,势阱中其他电子必定会对它们有库仑力,也就是电荷积累效应,表现在势阱中的电荷积累效应与发射极、集电极势垒的透射系数都有联系。发射极透射系数越大,电荷积累效应就越明显;相反,集电极透射系数越小,电荷积累效应就越明显。共振隧穿发生时,势阱汇总的电荷会逐渐积累,持续增加。这会引起势垒的高度和形状都有不同程度的变化,而这些变化反过来又会作用于势阱中电子的积累。因此,两者是相互作用和相互影响的,发生共振隧穿的现象就会对外加偏压范围有一定的范围要求。除了势阱中增加的电子会产生电荷积累的效应,这些电子也会相应地减弱外加在左势垒的电场强度,而相反的就会对外加在右势垒上的电场起到增强的作用。

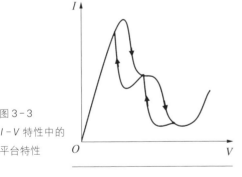

图 3-3
$I\text{-}V$ 特性中的平台特性

如图 3-3 所示,在上述 RTD 非相干隧穿模型中,电流一旦达到峰值后就会立即下降,负阻区就会消失。然而,RTD 的 $I\text{-}V$ 特性被实际测试时,可以观察到负阻区是明显存在的,而且很宽。

① 从图 3-3 可知,在下降时,特性曲线的负阻区有平台结构。

② 负阻区存在一个或两个双稳态或滞后回线。而且,在双稳区中,电压正扫和反扫经过的路线不同,且同一电压下对应的电流值也不一样。

图 3-3 中箭头的方向表示电压变化的方向。当外加电压不断增大时,电流走势是沿着向下箭头的曲线变化;反过来,外加电压减小时,电流向着向上箭头的曲线变化。这种电压变化的方向影响电流走势的现象是由势阱中的电

荷累积效应引起的,正是因为电子的积累会使空间电荷区产生压降,所以电压会因扫面电压的方向不同而不同,形成双稳态的现象。另外,还有人认为双稳态的产生是 RTD 器件共振和测试系统共同引起的。

③ 两种电流成分的处理原则。

RTD 的电流密度 J 可表示为[31-33]

$$J = J_{RT} + J_{ex}$$
$$J_{ex} = J_S(e^{qV/kT} - 1)$$

(3-7)

式中,J_{RT} 为共振隧穿电流密度;J_{ex} 为过剩电流密度;J_S 为反向饱和电流密度。J_{ex} 主要包含非弹性隧穿电流密度和热离子电流密度 J_{th},J_{th} 对温度较敏感,随温度升高而增大。J_{ex} 随电压 V 作指数性增长,在高电压处 J_{ex} 变大。因此若谷值电压 V_v 较高,则谷值电流 I_v 中过剩电流 I_{ex} 成分变大,PVCR 变小。故降低 I_v、V_P 值有利于 PVCR 的提高。

4. 器件参数与材料结构参数之间的关系

（1）发射区层

发射区掺杂浓度 N_E 是一个重要的设计参数,它的大小会对 RTD 特性产生重要影响:E 区掺杂会使得 E_F 位于 E_c 以上,形成一电子源。N_E 越大,E_F 越高,使 E_F 接近 E_0,可以降低开启电压和峰值电压;N_E 越大,E 区的体电阻率也越低,可以降低 RTD 串联电阻,从而降低开启电压和峰值电压;但是,若 N_E 的值过大,则会加大 RTD 的电容,影响了截止频率的提高;同时,N_E 值的大小还决定 C 区耗尽层宽度,若耗尽层宽度过大则会增加电子通过 C 区的渡越时间,进而影响截止频率和开关速度。

（2）发射区子阱结构

除了发射区的隔离层可形成发射区子阱外,在发射区内加入一层比发射区禁带宽度更小的材料也可形成发射区子阱,将三维/二维共振隧穿变为二维/二维的共振隧穿,器件的 $I-V$ 特性和 PVCR 等都会得到改善。

（3）H_B 与 J 的关系

为了减小过剩电流密度在电流密度 J 中的比例，或者说提高 PVCR，必须降低 J_{th}。其中比较有效的方法是通过提高势垒高度 H_B 来抑制 J_{th}。采用 AlAs 代替 AlGaAs 作势垒的优势即在于此。

（4）隔离层的作用

隔离层有两个作用，一个是防止发射区和集电区中的杂质在外延温度下扩散进入势垒和势阱区，引起对载流子的散射降低 I_P；第二个是本身不掺杂的隔离层其 E_F 较低，在 E 区的隔离层形成以发射区子阱，将三维/二维共振隧穿变为二维/二维的共振隧穿，可以提高 PVCR。

5. 几种典型的 RTD 器件结构

在 RTD 材料结构设计和材料制备的基础上，下一步应该进行器件的结构选择和设计，以及制造工艺的设计和实施。

随着 RTD 的发展，逐渐形成了多种不同的器件结构，按照不同的分类，RTD 可分成以下几种器件结构[34-36]。按器件的形状可分为台面型和平面型；按集电极接触性质可分为欧姆接触型和肖特基势垒型；按集成方式可分为单片型和混合型；按器件内联线隔离方式可分为空气桥结构（图 3-4）和介质隔离结构；按压点焊点位置可分为顶部和底部压焊点 RTD 结构。以上不同器件

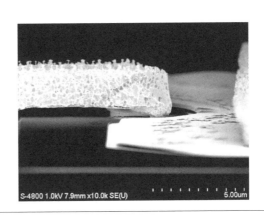

图 3-4
中国电科 13
所研制的空气
桥结构的器件
SEM 照片

结构各有其特点,应依据器件的技术指标和应用环境差异选择不同的器件结构。

典型的 RTD 材料结构如表 3-1 所示。

层序号	厚度/nm	材 料 组 分	掺杂浓度/cm^{-3}
1	8	n+ —In$_{0.7}$Ga$_{0.3}$As	2×10^{19}
2	15	n+ —In$_{0.53}$Ga$_{0.47}$As	2×10^{19}
3	5	un—In$_{0.53}$Ga$_{0.47}$As	
4	10	un—In$_{0.6}$Ga$_{0.4}$As	
5	10	un—In$_{0.7}$Ga$_{0.3}$As	
6	1.2	un—AlAs	
7	4.5	un—In$_{0.8}$Ga$_{0.2}$As	
8	1.2	un—AlAs	
9	2	un—In$_{0.47}$Ga$_{0.53}$As	
10	2.5	n+ —In$_{0.49}$Ga$_{0.51}$As	3×10^{18}
11	2.5	n+ —In$_{0.51}$Ga$_{0.49}$As	3×10^{18}
12	20	n+ —In$_{0.53}$Ga$_{0.47}$As	3×10^{18}
13	400	n+ —In$_{0.53}$Ga$_{0.47}$As	2×10^{19}
14	200	un—In$_{0.53}$Ga$_{0.47}$As	
15	半绝缘 InP 衬底		

表 3-1
典型的 RTD 材料结构

6. RTD 器件典型制造工艺

RTD 制作过程可分为两部分:材料生长和器件制作。材料生长是用分子束外延技术生长所需的超晶格薄层;在器件制作过程中最主要的四种工艺为光刻、腐蚀、蒸发及淀积。所用的设备包括光刻机、蒸发台及低温淀积设备等。

以 GaAs 衬底 RTD 为例,典型的工艺流程[37-40]如下。

(1) 发射极和集电极 AuGeNi 金属剥离工艺

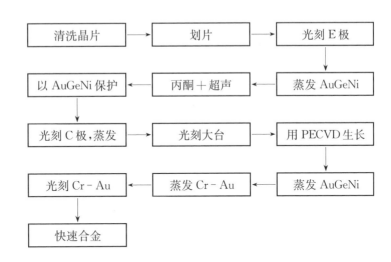

金属剥离工艺是 RTD 器件制造过程中的关键工艺,处理不当常常影响到 RTD 器件性能和可靠性。经常发生的问题包括下面两种。① AuGeNi金属与n+GaAs顶层材料黏附不牢,容易脱落,可能的原因有:(a) n+GaAs 表面没有彻底处理干净;(b)去离子水纯度不够,冲洗后还

图 3-5
发射极金属化
以后的 SEM 照
片

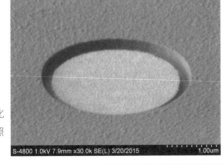

有残留物;(c) 光刻胶的厚度不合适等。② AuGeNi 金属不容易剥离掉,可能的原因有坚膜条件不当;蒸发或溅射过程中光刻胶焦化或变质。图 3-5 为发射极金属化以后的 SEM 照片。

(2) 精确掌握台面腐蚀深度问题

精确控制台面腐蚀的深度是所有台面工艺共有的难题,除了严格控制腐蚀条件、精确掌握腐蚀速率,一般可附加一些测试手段和台面高度定位措施来解决。如用台阶轮廓仪测定台面位置;或者通过 I-V 特性和其他相关参数的测量,确定 MBE 材料层位;在材料设计中增设腐蚀终止层以准确控制台面位置。

3.1.4 太赫兹波共振隧穿振荡器设计

太赫兹波共振隧穿振荡器(Resonant Tunneling Oscillator，RTO)是目前频率最高的固态电子学太赫兹波源。在超高速无线通信、大气探测、光谱和成像等方面，太赫兹频段有其独特的优势。然而目前制约太赫兹技术发展的一个重要原因就是太赫兹波源的理论和设计尚不完善。主要的太赫兹波源有量子级联激光器、耿氏器件、高电子迁移晶体管、异质结双极型晶体管、共振隧穿二极管等。基于共振隧穿二极管的 RTO 研究目前才刚起步[41-43]。RTO 可以工作在小于 1 V 的偏压下，工作电流仅为几个毫安，真正实现了低功耗，而且 RTO 可以在室温下工作，是目前最有可能大规模应用的太赫兹波源。而 RTD 作为太赫兹波源，功率较低是制约其发展的重要因素，应用 RTD 谐振缝隙天线可有效提高振荡器的输出功率。

图 3-6 是一个由 RTD 与缝隙天线两个部分共同组成的 RTO 器件。根据 RTD 材料结构和器件特性，将其简化为由 RTD 的负微分电导和寄生部分组成的等效电路，将缝隙天线简化为导纳形式，得到如图 3-6 所示的 RTO 等效电路模型[44-46]，图中 G_d 为 RTD 微分电导，V_{ac} 为 RTO 的稳态输出电压，C_d 为本征并联电容，C_0 和 R_c 为双势垒结构的负阻阻值和本征电容，Y_a 为天线的等效导纳，L_m 与 R_m 为来自引线和电极接触的串联电感和串联电阻。

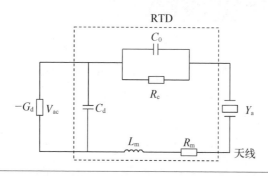

图 3-6
RTO 等效电路[44]

在振荡特性的理论分析中，需要考虑 RTO 等效电路中所有寄生元件的影响，然后可以利用等效电路理论和 Pspice 软件对共振隧穿振荡器的等效电路模型进行振荡频率和功率的模拟计算。

共振隧穿振荡器一般要与透镜封装在一起,有利于太赫兹信号的发射。日本 NTT 等单位一直采用这种封装形式(图 3-7)。

3.2　太赫兹耿氏二极管

3.2.1　耿氏二极管概论

1. 耿氏效应

1963 年,耿氏(J. B. Gunn)在实验中发现了一种现象[47,48],他将高于临界值的恒定直流电压加到一小块 n 型砷化镓相对面的接触电极上时,观察到了微波振荡。若通过欧姆接触工艺,在 n 型 GaAs 基片的两端制备良好的接触电极,加大直流电压,当产生的电场超过 3 kV/cm 时,便会产生电流振荡,其频率可高达 10^9 Hz,这种在半导体本体内产生高频电流的现象称为耿氏效应。

耿氏效应现象发生在如 GaAs、InP 这种具有特殊能带结构的半导体材料中。图 3-8 为 GaAs 的能带结构图[49]。最低能谷位于中心[000]处,称作中心能谷(Γ - valley),

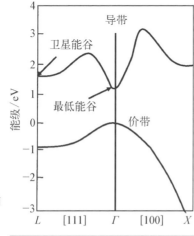

中心能谷中存在有大量电子;次能谷位于[111]方向,称为卫星能谷(Satellite L-valley)。电子在Ⅲ—Ⅳ族半导体化合物的不同能谷中,具有不同的漂移速度,电子在卫星能谷的有效质量(m^*)比在中心能谷中的有效质量要大,且速度较低。因此电子在中心能谷漂移速度与卫星能谷中漂移速度是不同的,当电压被加载到超过阈值电压时,电子从中心能谷跃迁到卫星能谷,由于电子在不同能谷中的速度不同,从而导致在一个方向电子积累,在另一方向电子耗尽,最终生成一个耿氏畴。在从化合物样品的阴极到阳极的过程中,耿氏畴不断增大并被阳极吸收。从而形成一个新的耿氏畴,新的耿氏畴继续向阳极方向移动重复之前的过程。耿氏畴周而复始地生成造成了振荡的发生。

2. 耿氏二极管的基本原理

(1) 耿氏二极管的基本结构

耿氏二极管,也被称为转移电子器件,是一种利用耿氏振荡效应原理而设计制备的一种半导体器件。耿氏二极管的基本结构一般分为3层,上下两层的掺杂浓度较高,中间层的掺杂浓度较低作为传输层,三层形成了n+/n—/n+结构,如图3-9所示[50]。

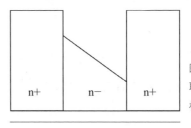

图3-9
耿氏二极管结构图[50]

(2) 耿氏畴

在具有n+/n—/n+结构的耿氏二极管两端施加电压,在掺杂不均匀处将形成一个局部的高阻区,高阻区内电场强度比区外强,当外加电压使场强 E_d 超过阈值 E_0(负阻效应起始电场强度)时,高阻区内电场中的部分电子就会转移到高能谷,高能谷电子有效质量较大使得电子平均漂移速度降低,场强越强,转移至高能谷的电子数越多,区内电子平均漂移速度越低,造成在高阻区面向阴极的一侧形成了带正电的由电离施主构成的电子耗尽层,被称为偶极畴;偶极畴的形成使畴内电场增强而使畴外电场下降,从而进一步使畴内的电子转入高能谷,直至畴内的电子全部进入高能谷,畴不再长大。此后,偶极畴在外

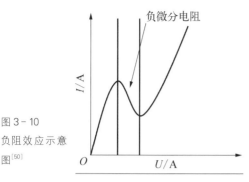

图 3 - 10
负阻效应示意
图[50]

电场作用下以饱和漂移速度向阳极移动。畴达到阳极后首先耗尽层逐渐消失,畴内空间电荷减小,电场降低,相应的畴外电场开始上升,畴内外电子平均漂移速率都增大,电流开始上升,最后整个畴被阳极"吸收"而消失,而后内电场重新上升,再次重复相同的过程,周而复始地出现畴的建立、移动和消失,构成电流的周期性振荡,形成一连串很窄的电流,达到将直流信号转化为振荡信号的目的。负阻效应示意图如图 3 - 10 所示。

(3)耿氏二极管的基本振荡原理

耿氏二极管的结构强烈地影响着耿氏二极管的频率和功率,耿氏畴从阴极到阳极的传输时间决定了耿氏二极管的输出功率。阴极注入的电子大部分位于中心能谷中,需要获得足够的能量而跃迁到卫星能谷,这过程对于畴的形成产生了延迟,电子在低能谷向高能谷跃迁的时间内,从阳极到阴极经过的距离称作耿氏管"死区"。由于"死区"的存在,畴渡越的长度缩短,即畴渡越的时间缩短了,因此导致输出功率降低。"死区"对输出的高频耿氏管影响很大,减少"死区"长度和适当的渡越区长度,能有效提高耿氏器件的频率和功率。

(4)耿氏二极管的研究进展

① 基于 GaAs 和 InP 的耿氏二极管

耿氏二极管,是基于负阻效应(Negative Differential Resistance,NDR)机理制作的二极管,能够实现低功耗、低噪声、高功率微波辐射,是最重要的微波器件之一,已经被广泛地用作本机振荡器以及功率放大器。耿氏二极管已经成为很重要固态微波源,用于入侵报警系统、微波测试仪器以及雷达等系统中。通常耿氏二极管使用三五族化合物 GaAs 和 InP 等直接带隙半导体材料制作。虽然这些器件已经被成功地制备并运用在了实际的生活之中,但是由于材料自身能带结构的限制,GaAs 和 InP 耿氏二极管在频率以及功率上都受到了很大的限制,无法满足现代器件对于高频率和大功率性能的需求,因此需要新的半导体材料来实现性能上的突破。

② GaN材料的优势

GaN是一种具有良好的电学特性的半导体材料[51,52]，如宽禁带宽度、高击穿电场、较高的热导率等，并且耐腐蚀、抗辐射，被誉为继第一代Ge、Si半导体材料和第二代GaAs、InP化合物半导体材料之后的第三代半导体材料，是制作高频、高温、高压、大功率电子器件和短波长、大功率光电子器件的理想材料。

相比于传统的半导体材料，GaN材料的电学特性包括宽禁带宽度(3.4 eV)、高击穿电场(E_v约为2 MV/cm)、高电子迁移速率(v_{sat}约为2×10^7 cm/s)以及高热系数(比GaAs的2倍还要大)。GaN的特性表明它还有极高的电子迁移效应、大的电场强度、高的阈值电场，这些都是GaN相对于传统的Ⅲ—Ⅴ化合物材料的优势。高的阈值电场是由于GaN的高电子迁移能谷和低电子迁移能谷之间的大的能量差。研究表明，GaN中的电子弛豫时间比GaAs中的要短得多，因此高电子迁移速率和短电子弛豫时间使得GaN具有更高的工作频率。基于以上的GaN材料的基本性质，用GaN材料制造成的耿氏二极管比传统的GaAs和InP为基础做成的耿氏二极管在微波或者太赫兹中具有更高的输出功率。

③ GaN耿氏二极管

GaN是一种由于速场关系能够体现出负阻宽禁带半导体材料。GaN在增加器件功率和器件频率上优于GaAS和InP，这是由于它具有更大的能带宽度和更大的电子饱和速度。基于传统半导体材料GaAs的耿氏二极管经过多年的研究和应用已经比较成熟，近年来这种超高频电子器件应用于THz领域，可以产生200 GHz(输出功率3 mW)和600 GHz(输出功率0.3 mW)的基频辐射，其在谐波辐射频率为800 GHz～1.2 THz时输出功率也达到了微瓦级，而InP基器件在400 GHz的谐波频率下也有微瓦级的功率输出能力。

与GaAs材料相似，GaN材料(闪锌矿和纤锌矿结构)的速场关系都存在负微分电阻特性,通过对它的光声子渡越时间共振(OPTTR)特性的理论分析,显示出 GaN 材料能够显著增加维持动态负微分迁移率的偏置电场的最大值,从而将电磁辐射的产生频率扩展到 THz 频段。然而 GaN 中振荡产生机制既包括载流子在中心能谷中的反射机制又包括谷间散射机制,由于具有更短的电子渡越时间,因此 GaN 耿氏二极管的响应频率更高,依照目前的 GaN 材料和器件工艺技术水平,可产生高达 740~760 GHz 的负阻振荡频率,而闪锌矿结构的 GaN 材料在中心能谷中的反射机制下具有达到最高负阻振荡频率 4 THz 的潜力。并且 GaN 材料的品质因数为 GaAs 的 50~100 倍,其显示出优异的高频功率潜质,模拟显示 GaN 耿氏二极管最高输出功率密度可达 10^5 W/cm^2,比 GaAs 耿氏器件高 2 个数量级。

在器件结构上 GaN 耿氏二极管器件基本都采用纵向结构,这是因为 GaN 外延材料中位错缺陷对纵向方向上的迁移率影响很小,但随着 GaN 外延材料质量的提高,横向结构的耿氏器件也在逐渐发展起来,毕竟横向结构在片上集成兼容性方面优于纵向结构。目前国际上许多研究重点都集中在有源区上,依据 GaN 材料和工艺的特点,有源区的掺杂浓度可以更高,因此有源层厚度就可以更窄(减小载流子弛豫时间),振荡频率得到提高,模拟显示,若将有源区厚度减薄到 0.3 μm(目前国际上发表的成果中,由于材料制备质量的原因,有源区 GaN 生长厚度都大于 1 μm),掺杂浓度提高到 8×10^{17} cm^{-3},管芯直径减小到 10 μm(目前实际制造都在 50 μm 以上),则振荡基频可达到约 750 GHz。目前提高 GaN 耿氏器件频率性能的技术思路是:在材料生长方面要保证很低的位错密度,在器件结构上要实现非常薄的重掺杂有源层,实现非常低的欧姆接触电阻率,器件工艺的后期工艺还包括传输线、共面波导形成的 LCR 谐振腔,通过电镀空气桥与管芯连接。目前实际器件的工作频率和输出功率与理论预期还有一定差距,因为材料生长质量仍是 GaN 耿氏器件在 THz 波段应用的关键技术,而且由于 DC/RF 转换效率低(1% 左右)致使器件散热仍然是一个急需解决的问题,过高的内部热量会造成耿氏振荡随时间衰减。

3.2.2　耿氏二极管物理模型

耿氏二极管一般包括三种最基本的物理模型[53]，主要的区别在于生长的外延结构不同，相对应的其能带的变化也各不相同。三种耿氏器件结构包括一致型结构（Uniformly Doping Structure）、渐变型结构（Grading Doping Structure)和凹型结构(Notch Doping Structure)。这三种耿氏器件结构各不相同，如图 3-11 所示。

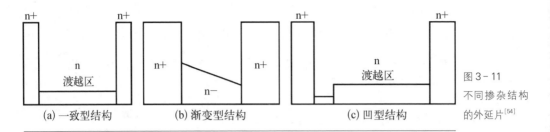

(a) 一致型结构	(b) 渐变型结构	(c) 凹型结构

图 3-11
不同掺杂结构
的外延片[54]

一致型掺杂结构为两边高掺杂的 n+ 型半导体，中间是掺杂浓度较低的 n 型半导体。这种结构的研究时间最早，被应用于早期的关于耿氏器件或者转移器件的研究。该结构的外延片生长较方便，但相对于掺杂另外两种结构的器件来讲，由于"死区"较长，在相同的渡越时间下，其输出功率要明显小于另外两种耿氏结构。

渐变型掺杂渡越区结构的两边同样是高掺杂层，而中间掺杂浓度采用渐变性的生长，这种结构可以减少"死区"对器件的影响，从而提高耿氏管的频率和功率。2004 年，H. Eisele 采用了这种设计结构，上下层掺杂浓度为 $2 \times 10^{18} \ cm^{-3}$ 的掺杂层，中间采用渐变掺杂浓度为 $7.5 \times 10^{15} \sim 2 \times 10^{16} \ cm^{-3}$，其输出频率可达到 195 GHz 左右。模拟结果显示，当渐变层厚度减小，耿氏二极管频率会增大，当工作层的厚度在一定的范围减小时，通过仿真也得到的相似的结论。

凹型结构的两边也采用高掺杂设计，而内部是有一个较低掺杂的和一个较高的低掺杂渡越区，如图 3-11(c)所示，由于存在这个较低掺杂的凹槽，使电子有效地激发到能谷，这种电子称为热电子。这种结构也减少了"死区"对器件的影响,并且同样的渡越区长度下,其输出的功率较高。

另外这三种结构也会导致阈值电压有所不同,同时其各自电流也不同,其频率特性也不同。在一定的范围内掺杂浓度的提高会提高频率,同时改变工作区的长度。

3.2.3 耿氏二极管设计与制备

1. GaN 耿氏二极管结构设计

对于 n+/n−/n+结构的耿氏器件,电子经过电场的加速获得能量跃迁至能谷,产生负阻效应。为了解决器件的工作频率不是太高这个问题,后来提出了凹槽掺杂的结构,这种结构对于器件的性能有一定的提升。近年来提出的耿氏器件结构是采用 AlGaN 变组分作为电子发射层的结构。因为 AlGaN 与 GaN 之间存在着晶格常数的差异,所以在界面处会导致压电极化效应,而且异质结界面处的位错密度较高。压电极化效应和位错都会影响器件的性能,所以专家学者们提出了新的 GaN 耿氏二极管结构以此来避免这些缺点。

(1) Ⅲ—Ⅴ族氮化物的特性

近年来由于Ⅲ—Ⅴ族氮化物在高频、高功率方面的优异表现,对于三元氮化物 InAlN 的研究取得了更深入的进展。根据 Varshni 方程(1-1)[55]计算出在室温下 GaN、AlN 和 InN 的禁带宽度分别为 3.3 eV、6.1 eV 和 0.64 eV[54]。

$$\varepsilon_g = E_{g,0} - \frac{\alpha_g T_L^2}{\beta_g + T_L} \tag{3-8}$$

式中,$E_{g,0}$ 为 0 K 时的禁带宽度;α_g 和 β_g 为经验常数;T_L 为温度。

AlN 和 InN 构成的三元化合物 $In_x Al_{1-x} N$ 禁带宽度随着 In 组分 x 的变化在 0.64～6.1 eV 变化,根据 Vegard 定律,可以获得 $In_x Al_{1-x} N$ 的禁带宽度与 In 组分之间的关系。由于晶格失配 Burstein-Moss 导致移动弯曲系数的理论值为 1.3～4.67 eV,但实验值为 3～7 eV。室温下当 In 组分 $x = 0.17$ 时,

$In_{0.17}Al_{0.83}N$ 的禁带宽度为 4.75 eV,与 GaN 的禁带偏移为 $\Delta E_g = \Delta E_c + \Delta E_v = $ 1.45 eV。当 In 组分在 13%~21% 变化时,与 GaN 的晶格失配率保持在 0.55% 之内。特别地,当 In 组分在 18%~19% 时,InAlN 的晶格常数与 GaN 的晶格常数相当。为了获得位错密度很低且没有压电极化效应 InAlN/GaN 异质结界面,可以在 GaN 上外延生长 InAlN[30]。

在耿氏器件有源层内插入 14%~22% 的 In 组分,InAlN 层作为电子发射层的新的 GaN 耿氏二极管结构[56]。该电子发射层由于其禁带宽度大于 GaN,所以 GaN 形成异质结时,会在 GaN 侧形成三角形势阱,电子会被限制在势阱内,形成二维电子气(2DEG),如图 3-12 所示。当器件两端施加电压以后,随着电场强度的增大,电子必须获得足够的能量才能挣脱势阱的束缚。为了形成耿氏振荡,注入有源区的电子必须具有高能量,才能从低能谷跃迁至高能谷,最终进入负阻区。图中 E_c 为表面导带底能量,E_r 为价带顶能量。

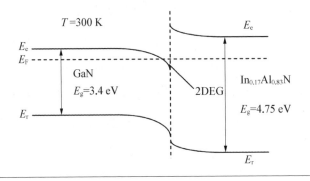

图 3-12 InAlN/GaN 异质结能带图[56]

(2) 新型 GaN 耿氏二极管结构

为了降低位错对于器件性能的影响,GaN 耿氏二极管采用 In 组分为 14%~22% 的 InAlN 层作为其电子发射层。该器件结构从下到上分别为 SiC 衬底、AlN 成核层、n+GaN 欧姆接触层、InAlN 电子发射层、n−GaN 有源层和 n+GaN 欧姆接触层。电子发射层采用 InAlN 材料厚度为 80~200 nm;SiC 衬底上刻蚀有通孔,衬底的底部淀积有金属 Ti/Al/Ni/Au,该金属通过通孔与上

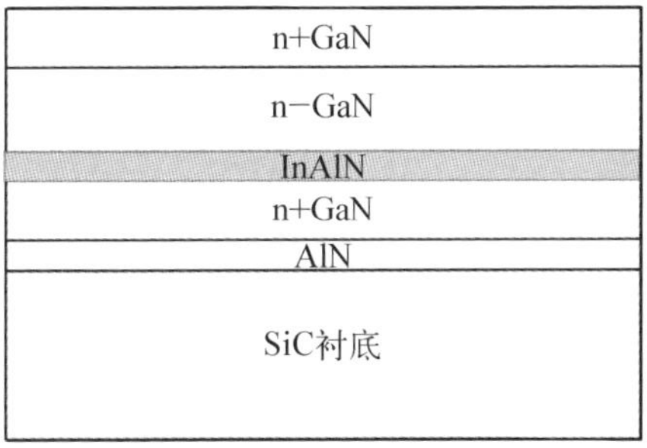

图 3 - 13
新型 GaN 耿氏
二极管结构示
意图[57]

| n+GaN |
| n−GaN |
| InAlN |
| n+GaN |
| AlN |
| SiC 衬底 |

电极相连,形成纵向器件结构,其剖面图如图 3 - 13 所示[57]。

由于成本,GaN 耿氏器件采用蓝宝石作为衬底。但是蓝宝石的散热性能不佳,抑制了器件负阻效应。随着工艺技术进步,SiC 材料的制造成本已经大幅降低,而 SiC 材料的热导率 [3.4 W/(cm·K)] 远高于蓝宝石,可以起到散热层的作用,因此以 SiC 材料作为 GaN 耿氏器件的衬底是最理想的选择。在 SiC 衬底之上是一层厚度为 30～50 nm 的 AlN 成核层。由于 AlN 与 GaN 的晶格常数比较接近,为了减少 GaN 与 SiC 衬底之间大的晶格失配,因此在外延生长 GaN 之前先生长一层 AlN 成核层,从而提高 GaN 外延层的生长质量。外延生长的 GaN 薄膜的质量与成核层的厚度有很大的关系,因此将 AlN 的成核层的厚度设置为 30～50 nm。n+GaN 阴极欧姆接触层在成核层 AlN 之上,其厚度为 0.5～1.5 μm,掺杂浓度为 1×10^{18}～2×10^{18} cm^{-3},再淀积金属形成欧姆接触,最后通过通孔与 SiC 衬底背面相连作为器件的阴极。

在 n+GaN 阴极欧姆接触层之上是外延生长的 InAlN 电子发射层,厚度为 80～200 nm,并且 In 组分应保持在 14%～22%,以使其晶格常数与 GaN 的晶格常数失配率保持在 0.5% 以内,从而降低 InAlN/GaN 异质结界面位错,提高器件的性能。为了 InAlN 与 GaN 的晶格常数相配最佳,In 组分为 17%～18% 时可以消除 InAlN/GaN 异质结界面的压电极化效应。在 InAlN 电子发射层上,以此外延生长方式掺杂浓度为 0.5×10^{17}～2×10^{17} cm^{-3}、厚度为 0.5～2 μm 的 n−GaN 有源层和掺杂浓度为 1×10^{18}～2×10^{18} cm^{-3}、厚度为 100～400 nm 的 n+GaN 阳极欧姆接触层。n−GaN 有源层作为器件的渡越区,其厚度根据器件设计的频率要求不同而不同。最后在 n+GaN 阳极欧姆接触层上淀积金属 Ti/Al/Ni/Au,与 n+GaN 形成欧姆接触,两部分共同构成器件的阳极。

2. GaN 耿氏二极管相关制备

目前氮化镓基耿氏二极管基本采用上下电极结构,耿氏二极管可以避免上下极之间电弧的产生,防止器件被击穿而漏电,并且这种大面积的衬底结构也减小了二极管的寄生串联电阻,非常有利于器件的散热,所以耿氏二极管的结构采用的是纵向上下结构。

本节给出了新型的 GaN 耿氏二极管器件的制造流程示意图(图 3 - 14)。图 3 - 13 表示的是采用 InAlN 作为电子发射层的 GaN 耿氏二极管结构示意图。表 3-2 是该器件各层的具体尺寸以及掺杂浓度[56]。

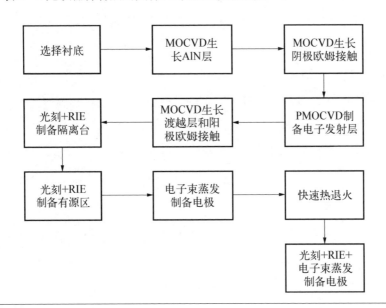

图 3 - 14
GaN 耿氏二极管器件的制造流程示意图

器 件 结 构	数 值
阳极直径	$50 \ \mu m$
有源区掺杂浓度	$0.5 \times 10^{17} \sim 2 \times 10^{17} \ cm^{-3}$
有源区厚度	$0.5 \sim 2 \ \mu m$
InAlN 发射极厚度	$80 \sim 200 \ \mu m$
SiC 衬底厚度	$150 \sim 300 \ nm$
AlN 缓冲层厚度	$30 \sim 50 \ nm$

表 3 - 2
器件各层的具体尺寸以及掺杂浓度[58]

器 件 结 构	数 值
欧姆接触层掺杂浓度	$1 \times 10^{18} \sim 5 \times 10^{18}$ cm^{-3}
欧姆接触层厚度	$150 \sim 400$ nm

GaN 耿氏二极管制备步骤如下。

步骤一，半绝缘型 SiC 衬底基片选用半径为 1 in[①] 的 4H—SiC，衬底厚度为 150 μm。

步骤二，以三甲基铝与高纯氨气作为铝源和氮源，采用 MOCVD 工艺在 SiC 基片上长出一层厚度为 30 nm 的 AlN 成核层。

步骤三，以三乙基镓和高纯氨气分别作为镓源和氮源，采用 MOCVD 工艺在 AlN 成核层上外延生长一层掺杂浓度为 1.0×10^{18} cm^{-3}、厚度为 0.5 μm 的 n+GaN 阴极欧姆接触层。

步骤四，在 n+GaN 阴极欧姆接触层上采用 PMOCVD 工艺外延生长一层厚度为 80 nm、In 组分为 17% 的 InAlN 电子发射层。三甲基铝、三乙基镓、三甲基铟和氨气分别作为 Al 源、Ga 源、In 源和 N 源，载气为氨气，其中氨气采用脉冲方式通入，以使Ⅲ族原子在与 N 原子结合前有充分的时间在表面移动，三甲基铝和三甲基铟分别在不同的时间通入，以避免 Al 原子和 In 原子对 N 原子的竞争，提高材料的结晶质量。

步骤五，在 InAlN 电子发射层上继续采用 MOCVD 工艺外延生长一层掺杂浓度为 0.5×10^{17} cm^{-3}、厚度 0.5 μm 的 n—GaN 渡越层，采用三乙基镓和高纯氨气分别作为镓源和氮源，硅烷气体作为 n 型掺杂源。改变硅烷气体流量，继续生长掺杂浓度为 1.0×10^{18} cm^{-3}、厚度为 100 nm 的 n+GaN 阳极欧姆接触层。

步骤六，在上述的 GaN 多层外延层上光刻形成直径为 30 μm 的大圆形掩膜图形；采用反应离子刻蚀（Reactive Ion Etching，RIE）并使用 BCl$_3$/Cl$_2$ 刻蚀气体源，刻蚀 GaN 多层外延层，刻蚀深度达到 SiC 界面层，形成大圆形的隔离台面。

---

① 1 英寸（in）=2.54 厘米（cm）。

步骤七,在形成的大圆形隔离台面上光刻形成直径为 10 μm 的同轴小圆形台面掩膜图形,继续采用反应离子刻蚀,使用 BCl_3/Cl_2 刻蚀气体源,刻蚀深度进入到下欧姆接触 n+GaN 层中 200 nm,形成二极管阴极有源区台面。

步骤八,在整个器件表面采用真空电子束蒸发设备依次蒸发 Ti、Al、Ni、Au 多层金属,厚度分别为 30 nm、120 nm、50 nm、160 nm,经过金属剥离形成小圆形的二极管阳极和环形连接电极。

步骤九,在氩气气氛下,对整个器件进行快速热退火处理,以使得淀积的金属与 GaN 形成欧姆接触。

步骤十,通过光刻形成四个通孔掩膜图形,通孔的直径为 10 μm,采用 RIE 方法并使用 BCl_3/Cl_2 刻蚀气体源,在 SiC 衬底刻蚀四个通孔,刻蚀深度至环形电极;然后采用电子束蒸发设备在 SiC 衬底背面依次淀积厚度分别为 30 nm/120 nm/50 nm/200 nm 的多层技术 Ti/Al/Ni/Au,形成衬底背面电极,衬底背面电极通过通孔与环形连接电极相连,构成耿氏二极管的阴极。

3.2.4　太赫兹耿氏振荡器设计

传统 GaAs 耿氏二极管已进入成熟阶段的研究和应用。近年来,这些超高频(Ultra High Frequency,UHF)半导体材料器件已应用于太赫兹领域,在 220 GHz 和 650 GHz 频率下功率分别输出 3.1 mW 和 0.35 mW,在 700 GHz～1.5 THz 谐波频率下的输出功率可以达到微瓦级。在 400 GHz 谐波频率下,InP 基二极管也可以产生微瓦输出功率。与这两种材料相比,GaN 耿氏二极管具有更高的响应频率。根据目前 GaN 材料和器件的水平,在 740～760 GHz 的负阻振荡频率下 GaN 耿氏二极管品质因数是 GaAs 材料的 45～90 倍,且 GaN 耿氏二极管在实际测试下的最高输出功率密度能够到 110 W/cm^2,可以看出 GaAs 耿氏二极管明显低两个数量级。在 GaN 外延材料中,因为位错缺陷对横向方向上的迁移率影响很大,所以在设计结构上,目前 GaN 耿氏二极管器件基本上采用纵向结构来设计。现阶段,在太赫兹领域下,基于氮化镓材料耿氏器件结构的理论仿真研究较多,这是由于氮化镓衬底材料的选择、刻蚀、缺陷方面存在问题,因此真正的实验非常少。所以对于其电特性方面的研究,通过建立氮化镓耿氏二极管的电路模型来进行研究是很有意义的,特别是将氮化镓耿氏二极管应用到耿氏振荡器中。

目前,耿氏二极管太赫兹频率振荡器集中在仿真研究上,主要包括两个方面:一是通过 S 参数进行阻抗匹配,通过设计外电路来实现振荡;二是通过建立理论模型对振荡器进行仿真研究。从国内外研究现状来看,理论模型研究主要集中在两类:一是基于范德波尔模型对耿氏二极管振荡器的物理方式进行研究分析,通过定义各次谐波的表达式以及动态电路模型,利用其之间的关系来实现不同的非线性函数,然后将模型和外部电路联合,最后引入动态调谐灵敏度来进行基频的调谐,获得最佳工作状态;二是基于蒙卡方法,通过数学拟合分析耿氏二极管,为了反映耿氏二极管内部电压与电流变化关系,通过数值计算的方法得到非线性方程,并通过相应算法得出耿氏二极管内部工作状态的各个指标参数。因此,建立其非线性电路模型并将其嵌入到 ADS 软件中,通过研究 GaN 耿氏二极管的物理机理反映到仿真电路上来,外接谐振回路联立得到简单的耿氏二极管振荡器,可以对太赫兹波段的耿氏二极管做更深入的研究。

1. GaN 耿氏二极管振荡机理

耿氏效应:利用 GaN 材料所具有的良好的负微分迁移率性质,在耿氏二极管外加偏置电压时,其输出电压电流就会表现出负阻特性。在掺杂过程中,由于受到耿氏二极管制造工艺与水平的限制以及随机噪声等方面的影响,当给器件加上偏置电压时,在局部可能形成一个由负电荷和电子耗尽形成的畴(正电荷组成),因此此处的电子会受到高电场的影响。由于高电场的存在,畴外的电子速率比畴中速率高,由于电子随着电场的反方向运动,所以,畴外靠近阴极一侧的电子就会高速地远离阴极向畴靠近,而畴外另一侧的电子就会高速地向阳极漂移,此时畴就会不断生长,相应的畴中场强不断增大,其值始终大于外加场 E_0,因此载流子的速度会不断减小。但是与此同时,畴外的场强会不断减小,而且始终低于外加场 E_0,当载流子速度经过峰值时,会由于场强的进一步降低而减小,而当畴外的场强降低到一定值时,畴内的电子速率就会等于畴外的电子速率。在畴到达阳极后,因为畴开始消亡,畴外场强开始上升,畴内场强开始降低,此时畴内电子与畴外电子的速率增加,输出电流相应地增加,而畴在最终则会消亡。而后耿氏二极管内的电场又不断增加,在阴极形成新的畴之后成熟又消亡,形成了周期性的电流振荡,达到了将直流信号转化为微波信号的目的。对于畴的形成、成熟、漂移、陨灭的过程如图 3-15 所示[59,60]。

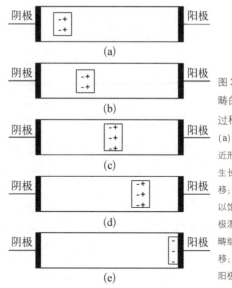

图 3-15
畴的形成运动过程[60]
(a) 畴在阴极附近形成;(b) 畴边生长边向阳极漂移;(c) 畴成熟并以饱和速率向阳极漂移;(d) 成熟畴继续向阳极漂移;(e) 畴漂移到阳极并逐渐消亡

2. GaN 耿氏振荡器的工作模式

耿氏二极管与适当的负载电路连接后就可以构成耿氏振荡器,体效应振荡器有 4 种主要的工作模式[61,62]。

(1) 渡越时间偶极层模式:在 $n_0 L > 1.6 \times 10^{13} \ \text{cm}^{-2}$ 时(n_0 为电子浓度,L 为有源区长度),GaN 耿氏二极管内部在阴极附近形成畴,并边生长边向阳极漂移,等畴成熟后以饱和速率向阳极漂移,并在到达阳极后消亡,而畴的形成与漂移到阳极处的消失是周期性的,因此就可以观测到耿氏振荡。当过临界值 $n_0 L$ 乘积的耿氏二极管外接并联谐振电路,且器件上的偏置电压始终大于阈值时,就可以得到渡越时间偶极层模式。频率同渡越时间有关,而且渡越速度和二极管的长度有关,长度小可以提高频率,但是同时功率输出能力就会减小,所以得到谐波较多,基波分量小。

(2) 猝灭偶极层模式:当器件上的偏置电压降低时,偶极层宽度也随之减小。偶极层宽度继续减小,直到偶极层和耗尽层互相中和为止,此时若继续降低偏置电压,偶极层就会猝灭。在猝灭的时刻,由于电流随着电场的升高而增加,导致形成了小脉冲,当偏置电压再次超过电压阈值时,电流降低,然后再继续不断地重复此过程。

（3）延迟畴模式:当器件上的偏置电压不能达到预定电压时,到达阳极的偶极层就会被吸收掉,而此时由于偏置电压在阈值电压以下,所以新的偶极层不会在阴极附近立即产生。

（4）限制空间电荷积累（Limited Space Charge Accumulation,LSA）模式:在此模式中,器件内的电场从阈值以下上升,然后又迅速跌落回去,使得与高场偶极层相联系的空间电荷层没有充分的时间形成。因此器件的大部分区域为均匀电场,导致在受控电路控制的频率下产生有效的功率。而且 LSA 模式是直接利用耿氏二极管的负微分迁移率特性,其振荡器工作频率和耿氏二极管长度无关,因此其适合产生高峰值功率的短脉冲,可以在提高频率的同时增大功率,效率较高。

3. GaN 耿氏二极管振荡电路设计

为了获得振荡器振荡特征和性能,采用 ADS 软件将氮化镓耿氏二极管电路模型转化为并联谐振 RLC 回路中,如图 3 - 16 所示,图中 V_{DC} 为偏置电压源,L 为外电路电抗元件,C 为器件小信号电抗元件,R 为电路损耗电阻及其负载电阻。

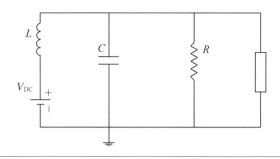

图 3 - 16
耿氏二极管外接并联谐振 RLC 回路

为了能够得到稳定的振荡,耿氏二极管振荡器电路仿真需要进行电路调谐。由于材料具有负微分电阻特性,因此耿氏二极管的振荡是具有负电阻特性的器件。通过实物测量可以得到耿氏二极管的负阻值。

在电路两端加 20～40 V 的偏置电压,耿氏二极管电路模型会出现负阻特性,然后再对振荡电路的其他电路元件进行调谐。另外,要使负阻振荡器能够产生稳定的振荡,电路总的阻抗值等于零。因此,将并联谐振回路中的电阻 R 的值确定为标准电阻 50 Ω,选择合适的并联 RLC 元器件参数值方便分析调谐。

由于耿氏二极管的负阻无法计算,负电阻值与器件的横截面积有关,又与器件两端所加的偏置电压有关,所以通过调节横截面积和偏置电压的方法来进行阻抗的匹配。要使电路模型产生负阻特性,由器件的工作原理可知,当调节耿氏二极管两端的偏置电压时,畴的宽度和畴内外的电场会随着电压发生改变,因此 RLC 等效元件参数也会相应改变。由于调谐线性相对比较差,而且功率输出平坦度不够好,通过调节耿氏二极管电路模型中横截面积来带动 50 Ω 的负载电阻,从而使负阻振荡器达到稳定的振荡。电路满足稳定振荡的条件必须阻抗匹配,通过调节模型不同的面积值来获得电阻的匹配,通过调节谐振回路的谐振频率可以得到各种振荡模式:当谐振频率大小等于渡越频率时,得到渡越时间模式振荡;当调谐频率大于渡越频率时,得到猝灭模式振荡;当调谐频率小于渡越频率时,得到延迟模式振荡。

在模拟通过改变电容和电阻的数值来观察电压和电流振荡,这是保持电感的值不变。通过仿真波形总结得到如表 3-3 所示的结果,当电容从 10 pF 变化到 50 pF 时,电路的振荡频率从 418.1 GHz 降到了 200.9 GHz。而当电路中电感和电容值不变,负载电阻由 10 Ω 变到 100 Ω 时,电路的振荡频率则没有发生变化。为了更好地验证 GaN 耿氏二极管非线性电路模型的正确性并研究其振荡特性,通过电路调谐,可以获得电路模型工作的最佳状态。电路模型中器件横截面积为 500 μm^2。

表 3-3 谐振回路中不同参数值振荡电路产生频率总结比较

参数值	电感值/H	电容值/pF	负载电阻/Ω	振荡频率/GHz
1	12	10	50	418.1
2	12	20	50	306.6
3	12	30	50	256.4

参数值	电感值/H	电容值/pF	负载电阻/Ω	振荡频率/GHz
4	12	40	50	223
5	12	50	50	200.9
6	12	50	10	200.9
7	12	50	100	200.9

GaN 耿氏二极管非线性电路模型外接于并联的 RLC 谐振回路中,得到一个耿氏二极管负阻振荡器,通过调节模型中耿氏二极管的截面面积数值,调谐整个电路,使电路达到稳定的振荡。通过提取稳定的振荡 I-V 曲线,得到其振荡频率,通过改变外接 RLC 参数值得到振荡器不断变化的工作频率,并且证明其能很好地应用于振荡器的设计中。

3.3 太赫兹负阻型二极管应用

负阻特性又称为负微分电阻特性,该特性主要表明一些电路或者是电子器件在某特定埠的电流增加时,电压反而减小。没有单一的电阻在所有工作范围内都表现出负阻特性,但是有一些二极管在特定的工作范围内会呈现出负阻特性,例如共振隧道二极管和耿氏二极管,它们的 I-V 关系图中存在着一个区域且该区域的微分电阻为负值。共振隧道二极管和耿氏二极管都属于二端口器件,不过并不属于线性器件,与其他元件合成时也能够表现出负阻特性。具有负阻特性的共振隧道和耿氏二极管主要应用在太赫兹振荡源、太赫兹检测器件、太赫兹直接调制技术及太赫兹无线通信系统等领域中。

耿氏二极管又称为转移电子器件,主要应用在高频电子学中,可用作太赫兹信号源。一般的二极管具有 p 区和 n 区,而耿氏二极管只含有 n 型半导体,两端为重掺杂 n 型区,中间为薄薄一层轻掺杂半导体。由于外部加偏压时,中间轻掺杂薄层处的电压梯度最大，又因为电压电流关系为正比关系，所以导电性能增加。但是中间的薄层继续增大时内建电场也会随着增加，此时电阻增大，电流减小，耿氏二极管呈现出负阻特性[30,54,55,63]。

绝大部分的耿氏二极管都是采用传统的Ⅲ—Ⅴ族化合物半导体材料制成的，如 GaAs、InP 等材料。虽然这些材料具有很高的可靠性，但是仍然存在一些材料特性上的限制，使得耿氏二极管在工作频率及功率输出能力方面受到很大的限制。目前，Ⅲ—Ⅴ族氮化物半导体材料（如 GaN）作为一种宽禁带半导体材料，可以很好地解决上述材料所存在的限制问题，而且其速场关系也表现出负微分电阻的特性，例如，与 GaAs 和 InP 半导体材料相比，GaN 的谷间能带差更大，峰值速度与饱和速度更大，这使其能够提供更高的工作频率和更好的功率处理能力。因此 GaN 耿氏二极管在太赫兹领域内是最重要的太赫兹辐射源之一。传统 GaAs 和 InP 材料的耿氏二极管的研究已经日益成熟，并进入工程应用阶段。近年来，这些超高频的半导体材料开始应用于太赫兹领域，它们能够产生 200 GHz 和 600 GHz 的基频辐射，且在 800 GHz～1.2 THz 谐波频率下的输出功率能够达到微瓦级，但是 InP 基器件的谐波频率在 400 GHz 时仅能够产生微瓦的输出功率。

共振隧穿二极管是一种基于量子共振隧穿效应的负阻器件，由两种不同的半导体材料形成异质结构时产生的量子阱构成。在其两端加偏压，且入射电子能量与量子阱中能级一致相等时就会产生共振隧穿效应，如果此时继续增加电压，电流会达到一个峰值，进一步增加电压，共振效应被破坏，此时能够穿过隧道的电子急剧减小，这意味着电流减小，从而呈现出负阻效应。在负阻区域共振隧穿二极管可以制作太赫兹辐射源，也可以与其他的器件组合制作出具有功能性的电路，这类电路一般具有高速、低功耗等优点，还可以与光电器件相结合制作成太赫兹光电探测器，将共振隧道二极管制作成带隙天线等[64-67]。

高功率便携式连续可调且成本低的太赫兹辐射源是太赫兹领域中最困难的内容，且关于在常温下直接探测太赫兹射线的被动式探测器也没有任何成果。而基于半导体器件的太赫兹辐射源具有价格低廉、种类多、体积小、能量转换率高、易集成等优点,能满足军事应用和公共领域应用的绝大部分需求。耿氏振荡器是电子学太赫兹辐射源中最典型的,具有工作频率高、稳定性强、可靠性高、噪声低、频带宽、电源电压低以及工作寿命长等优点,且它的线宽非常的窄,最高频率是可以从电子的弛豫时间来得到的。因此耿氏二极管作为太赫兹领域的太赫兹产生源之一必定在太赫兹领域中占有一席之地。还有其他的太赫兹辐射源,如渡越时间振荡器和共振隧穿二极管[68]。共振隧穿器件的特点是高速和高频,可以用来提高太赫兹辐射源的频率,并且相比于其他的太赫兹辐射源,它具有以下几个优势:工作环境要求低,室温条件下就可以工作,携带非常方便,更易于集成,提高发射功率可用透镜集成,频率为 100 GHz～1.0 THz 的太赫兹波源都是可以制作的。2005 年,N. Orihashi 等研究人员第一次研制出了频率为 1.02 THz 的太赫兹振荡器,是利用三次谐波实现的,提供了运用 RTD 器件获得太赫兹波新的有效方法和途径[69,70],如图 3 - 17、图 3 - 18

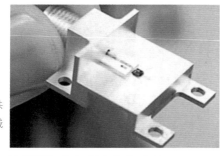

图 3 - 17
纵向辐射的共振隧穿天线模块[68]

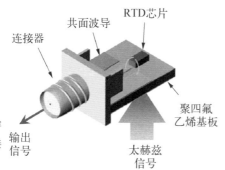

图 3 - 18
安装共振隧穿二极管的接收器[68]

连接器
共面波导
RTD芯片
聚四氟乙烯基板
输出信号
太赫兹信号

所示。2011 年,M. Feiginov 等研究人员研制出的 RTD,其频率超过 1 THz,并因此预言运用 RTD 振荡器来得到频率高达几个太赫兹的波源也是可行的。2014 年,Vasileios Papageorgiou 首次在 InP 衬底上提出了平面耿氏二极管,该二极管采用已经广泛应用的电子束光刻技术完成制造工艺,并采用 70 nm T 型栅极技术来增强小信号特性,二极管的振荡频率高到 204 GHz,为实现高功率、高频单片微波集成电路(Monolithic Microwave Integrated Circuit,MMIC)振荡器、电路和系统创造了潜力[71-74]。

太赫兹通信系统拥有相比于微波段通信系统更高通信容量和通信速率。由于大气环境的复杂性会导致太赫兹被吸收而急剧衰减，所以在近距离的无线通信系统中具有保密性。因此，各国科研人员纷纷展开了关于太赫兹波的研究，太赫兹共振隧穿天线的研究是其中主要的内容之一。2004年，日本的 NTT 公司成功研制出应用在 120 GHz 的无线通信系统，该系统有效地集成了天线和光电转换部分，这种天线为双缝介质透镜天线，作用距离是 10 m，增益是 13.5 dBi。澳大利亚的 CSIRO ICT 中心的研究成果走在国际前沿，该研究中心制作的喇叭天线工作频率分别在 1.7 THz 与 0.84 THz，结构简单，易于制作，且性能较好。国内对太赫兹天线的研究起步比较晚，主要承担者是电子科技大学、中国科学院上海微系统与信息技术研究所等高校和研究机构。电子科技大学主要研究 0.1～0.3 THz 和 0.3～1 THz 部分的通信系统，其中 0.3 THz 以下主要利用射频方法连接天线与前端部件，0.3～1 THz 频段则采用光电转换方式实现太赫兹波的发射和接收；中国科学院上海微系统与信息技术研究所主要研究 1 THz 以上频段部分，这些 1 THz 以上频段的太赫兹调制波直接利用类似光路方式进行传输。目前最受关注的太赫兹天线无疑是扩展半球透镜天线，它不仅具有良好的方向性和增益，而且装配简单还可以组成天线阵列，能够满足太赫兹无线通信系统的要求[48]。

1994 年，美国 UCSB 的科学家使用 InGaAs/AIAs 其 RTD 测量出太赫兹频段的超宽带响应，带宽为 0.12～3.9 THz。2005 年以后，随着太赫兹技术的发展，共振隧穿器件以其独特的优势重新受到了国际上的关注。美国 Raytheon 公司采用一端肖特基接触的方法成功实现了零偏压下的响应，在室温、200～400 GHz 下测得的等效噪声功率为 3～8 pW/Hz。2009—2013 年，日本 Tokyo Institute of Technology 和 NTT 实验室先后研制出了频率为 271 GHz、输出功率为 150 μW 的太赫兹共振隧穿天线模块以及频率为 438 GHz、输出功率为 1 448 μW、输出基频为 1.1 THz 的太赫兹共振隧穿天线模块。表 3-4 给出了国际典型的 RTO 的性能指标。

表 3-4	频　率	输出功率	RTO 芯片面积/μm^2
RTO 输出功率 典型指标	271 GHz	150 μW	
	438 GHz	148 μW	600×600(含天线)
	443 GHz	200 μW	45×100(含天线)
	620 GHz	650 μW	双芯片合成
	1.42 THz	30 μW	44

2013 年,德国杜伊斯堡大学研究出了一个具有高电流密度的非对称 InP 基三垒谐振隧穿二极管。对于正偏置电压,该器件像对称谐振隧道二极管一样工作,提供负差分电阻的宽区域;在零偏置条件下,它可以用作敏感的高频检测器。该二极管已测量出高达 50 kV/W 的高检测器灵敏度,并且仿真显示高达太赫兹频率范围的高频率潜力。

经过这些年的发展,基于共振隧穿二极管的检测器件已经成为下一代高灵敏度太赫兹检测以及高速无线通信系统的关键器件之一。2015 年,日本东京工业大学在太赫兹无线通信系统中使用共振隧道二极管作为探测器。与常规的肖特基势垒二极管检测器相比,其非常强的非线性,共振隧道二极管预计会提供约 30 dB 的灵敏度,如图 3-17 和图 3-18 所示。并且用工作频率 300 GHz 的共振隧道二极管以 2 Gbit/s 的比特率实验性地演示了无差错无线传输。此外,将集成有平面天线的共振隧道二极管检测器的灵敏度与市售的肖特基势垒二极管检测器进行比较,发现采用低增益(10 dB)共振隧道二极管检测器天线的总响应度高于采用高增益(25 dB)喇叭天线肖特基二极管[29,71-75]。

日本大阪大学和 NTT 实验室在 2011 年采用 RTD 作为接收端(图 3-19 和图 3-20),在 300 GHz 下实现了的比特率为 2 Gbit/s 的无线通信试验。如图 3-20 所示,2012 年实现了发射和接收端全部为 RTD 的 300 GHz 无线通信试验,比特率达到了 2.5 Gbit/s,为 RTD 的应用奠定了基础。2016 年,他们又进行了 542 GHz 无线通信试验,比特率最高达到了 30 Gbit/s。

图 3 - 19
日本 NTT 实验
室的 RTD 收发
模块[73]

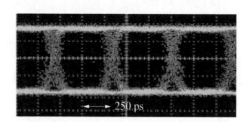

图 3 - 20
日本 NTT 实验
室基于 RTD 的
300 GHZ 无线
通信试验图[73]

参考文献

［1］ Tsu R，Esaki L. Tunneling in a finite superlattice[J]. Applied Physics Letters，1973，22 (11)：562 - 564.

［2］ 张磊,杨瑞霞,武一宾,等.GaAs 基共振隧穿二极管的研究[J].电子工艺技术，2007,28(1)：31 - 33,37.

［3］ Chang L L，Esaki L，Tsu R. Resonant tunneling in semiconductor double barriers [J]. Applied Physics Letters，1974，24(12)：593 - 595.

［4］ Kitagawa S，Suzuki S，Asada M. 650 - GHz resonant-tunneling-diode VCO with wide tuning range using varactor diode[J]. Electron Device Letters，2014，35 (12)：1215 - 1217.

［5］ Kim M，Lee J，Lee J，et al. A 675 GHz differential oscillator based on a resonant tunneling diode[J]. IEEE Transactions on Terahertz Science and Technology，2016，6(3)：510 - 512.

［6］ Jacobs K J P，Stevens B J，Wada O，et al. A dual-pass high current density resonant tunneling diode for terahertz wave applications[J]. IEEE Electron Device Letters，2015，36(12)：1295 - 1298.

［7］ 刘艳.GaMnN 基共振隧穿二极管自旋器件的设计和模拟[D].上海：华东师范大

学,2009.

[8] 何寒冰,杨林安,郝跃,等.GaN 共振隧穿二极管及 THz 振荡器仿真[J].新型工业化,2011(10)：74 - 78.

[9] 张丽芳.THz 波段 RTO 器件集成与功率合成研究[D].天津：天津工业大学,2016.

[10] 杨洁.共振隧穿二极管材料生长和优化设计研究[D].天津：天津工业大学,2017.

[11] 汪琪.共振隧穿二极管的阵列在并行图像处理中的应用[D].南京：南京大学,2013.

[12] 胡艳龙.共振隧穿器件及电路的研究[D].天津：天津大学,2006.

[13] Diebold S, Tsuruda K, Kim J Y, et al. A terahertz monolithic integrated resonant tunneling diode oscillator and mixer circuit[C]//Spie Commercial + Scientific Sensing & Imaging. 2016：98560T.

[14] Alharbi K H, Ofiare A, Kgwadi M, et al. Bow-tie antenna for terahertz resonant tunnelling diode based oscillators on high dielectric constant substrate[C]//Phd Research in Microelectronics and Electronics. 2015：168 - 171.

[15] Jacobs K J P, Baba R, Stevens B J, et al. Characterisation of high current density resonant tunnelling diodes for THz emission using photoluminescence spectroscopy[C]//International Conference on Infrared, Millimeter and Terahertz Waves. 2016：1 - 2.

[16] Ikeda Y, Kitagawa S, Okada K, et al. Direct intensity modulation of resonant-tunneling-diode terahertz oscillator up to similar to 30 GHz[J]. IEICE Electronics Express, 2015, 12(3)：1 - 10.

[17] 刘静晶.共振隧穿器件结构与电路的研究[D].天津：天津大学,2007.

[18] 宋瑞良.共振隧穿三极管模拟及研制的研究[D].天津：天津大学,2006.

[19] 毛陆虹,贺鹏鹏,赵帆,等.共振隧穿型太赫兹波振荡器设计[J].固体电子学研究与进展,2015,35(5)：458 - 462.

[20] 牛萍娟,于莉媛,毛陆虹,等.基于共振隧穿机制的太赫兹波振荡器特性模拟[J].电工技术学报,2014,29(12)：102 - 106.

[21] 武一宾,杨瑞霞,杨克武,等.基于共振隧穿理论的 GaAs 基 RTD 的设计与研制[J].光电子激光,2011,2：189 - 192.

[22] Shi X Y, Wu Y X, Wang D, et al. Enhancing power density of strained $In_{0.8}Ga_{0.2}As/AlAs$ resonant tunneling diode for terahertz radiation by optimizing emitter spacer layer thickness[J]. Superlattices and Microstructures, 2017, 11210：435 - 441.

[23] Baba R, Stevens B J, Mukai T, et al. Epitaxial designs for maximizing efficiency in resonant tunneling diode based terahertz emitters[J]. IEEE Journal of Quantum Electronics, 2018, 54(2)：16 - 26.

[24] Baba R, Jacobs K J P, Stevens B J, et al. Fabrication, characterisation, and

epitaxial optimisation of MOVPE‐grown resonant tunnelling diode THz emitters [C]//Quantum Sensing and Nano Electronics and Photonics XIV. International Society for Optics and Photonics, 2017, 10111: 101113A.

[25] Gaskell J, Eaves L, Novoselov K S, et al. Graphene-hexagonal boron nitride resonant tunneling diodes as high-frequency oscillators [J]. Applied Physics Letters, 2015, 107(10): 103105.

[26] Wang J, Alharbi K, Ofiare A, et al. High-frequency resonant tunnelling diode oscillator with high-output power[C]//Millimetre Wave and Terahertz Sensors and Technology Ⅷ. 2015, 9651: 96510E.

[27] Muttlak S G, Abdulwahid O S, Sexton J. InGaAs/AlAs resonant tunneling diodes for THz applications: An experimental investigation. IEEE Journal of the Electron Devices Society, 2018, 6: 254-262.

[28] 胡留长.平面型共振隧穿二极管与共振隧穿晶体管的研究与应用[D].天津:天津大学,2005.

[29] 何寒冰.太赫兹波段 AlGaN/GaN 共振隧穿二极管研究[D].西安:西安电子科技大学,2012.

[30] 陈浩然.太赫兹波段 GaN 基共振隧穿器件的研究[D].西安:西安电子科技大学,2014.

[31] Asada M, Suzuki S, Fukuma T. Measurements of temperature characteristics and estimation of terahertz negative differential conductance in resonant-tunneling-diode oscillators[J]. AIP Advances, 2017, 7(11): 115226.

[32] Wang J, Ofiare A, Alharbi K, et al. MMIC resonant tunneling diode oscillators for THz applications [C]//2015 11th Conference on Ph. D. Research in Microelectronics and Electronics (PRIME). IEEE, 2015: 262-265.

[33] Diebold S, Nakai S, Nishio K, et al. Modeling and simulation of terahertz resonant tunneling diode-based circuits [J]. IEEE Transactions on Terahertz Science and Technology, 2016, 6(5): 716-723.

[34] Narahara K, Maezawa K. Full-wave analysis of traveling pulses developed in a system of transmission lines with regularly spaced resonant-tunneling diodes[J]. International Journal of Circuit Theory & Applications, 2018, 46(3): 671-682.

[35] 宋瑞良,宋跃.微型化太赫兹集成器件的前沿技术进展[J].太赫兹科学与电子信息学报,2015,13(3): 357-360.

[36] Lee J H, Shin M, Byun S J. Wigner transport simulation of resonant tunneling diodes with auxiliary quantum wells[J]. Journal of the Korean Physical Society, 2018, 72(5): 622-627.

[37] Galeti H V A, Gobato Y G, Brasil M J S P, et al. Voltage-and light-controlled spin properties of a two-dimensional hole gas in p-type GaAs/AlAs resonant tunneling diodes[J]. Journal of Electronic Materials, 2018, 47(3): 1780-1785.

[38] Jacobs K J P, Stevens B J, Baba R, et al. Valley current characterization of high current density resonant tunnelling diodes for terahertz-wave applications[J]. AIP Advances, 2017, 7(10): 105316.

[39] Rong T, Yang L A, Yang L, et al. Theoretical investigation into negative differential resistance characteristics of resonant tunneling diodes based on lattice-matched and polarization-matched AlInN/GaN heterostructures[J]. Journal of Applied Physics, 2018, 123(4): 1.

[40] Montecillo R, Otadoy R E S, Lee M, et al. The dependence of the characteristics of THz current oscillations on the quantum-well width in resonant tunneling diode[C]//AIP Conference Proceedings. AIP Publishing, 2017, 1871(1): 030002.

[41] Oshima N, Hashimoto K, Suzuki S, et al. Terahertz wireless data transmission with frequency and polarization division multiplexing using resonant-tunneling-diode oscillators[J]. IEEE Transaction on Terahertz Science and Technology, 2017, 7(5): 593-598.

[42] Okamoto K, Tsuruda K, Diebold S, et al. Terahertz sensor using photonic crystal cavity and resonant tunneling diodes[J]. Journal of Inrared, Millimeter and Terahertz Waves, 2017, 38(9): 1085-1097.

[43] Asada M, Suzuki S. Terahertz oscillators using resonant tunneling diodes and their functions for various applications[C]//Terahertz Physics, Devices, and Systems X: Advanced Applications in Industry and Defense. International Society for Optics and Photonics, 2016, 9856: 98560O.

[44] Feiginov M. Sub-terahertz and terahertz microstrip resonant-tunneling-diode oscillators[J]. Applied Physics Letters, 2015, 107(12): 123504.

[45] Ogino K, Suzuki S, Asada M. Spectral narrowing of a varactor-integrated resonant-tunneling-diode terahertz oscilator by phase-locked loop[J]. Journal of Inrared, Millimeter and Terahertz Waves, 2017, 38(12): 1477-1486.

[46] 许详.GaN基太赫兹耿氏二极管新结构研究[D].西安：西安电子科技大学,2015.

[47] 王中旭.GaN微波及THz功率器件设计与工艺研究[D].西安：西安电子科技大学,2010.

[48] 姚慧.THz波段GaN耿氏二极管非线性模型及振荡器研究[D].西安：西安电子科技大学,2014.

[49] Yang L A, Long S, Guo X, et al. A comparative investigation on sub-micrometer InN and GaN Gunn diodes working at terahertz frequency[J]. Journal of Appled Physics, 2012, 111(10): 826.

[50] Cetinkaya C, Mutlu S, Donmez O, et al. Characterization of emitted light from travelling Gunn domains in $Al_{0.08}Ga_{0.92}$ as alloy based Gunn devices[J]. Superlattices and Microstructures, 2017, 111: 744-753.

[51] 毛伟.氮化镓太赫兹耿氏器件外延生长研究[D].西安：西安电子科技大学,2013.

[52] 杨珊珊.高频 InP 基耿氏二极管的工艺研究[D].银川：宁夏大学,2014.

[53] Li B, Alimi Y, Ma G L. Investigation on multi-frequency oscillations in InGaAs planar Gunn diode with multiple anode-cathode spacings [J]. Solid State Communications, 2016, 247: 1 - 5.

[54] 万鑫.渐变 AlGaN 加速层 GaN 耿氏二极管的研究[D].西安：西安电子科技大学,2013.

[55] Wang Y, Yang L A, Wang Z Z, et al. The enhancement of the output characteristics in the GaN based multiple—channel planar Gunn diode[J]. Physical Status Solidi A (Applications and Materials Science), 2016, 213(5): 1252 - 1258.

[56] 孙再吉.毫米波耿氏器件重在应用[J].世界产品与技术,2001(6): 33 - 34.

[57] 吴沿磊.基于 AlGaAs/InGaAs 弹道场效应晶体管的等离子体振荡器的研究[D].西安电子科技大学,2013.

[58] 白阳,贾锐,金智,等.基于耿氏效应的太赫兹器件的研究进展[J].太赫兹科学与电子信息学报,2013,11(2): 314 - 318.

[59] 王树龙.基于蒙特卡洛方法的Ⅲ—Ⅴ族氮化物半导体输运特性研究[D].西安电子科技大学,2014.

[60] Li B, Liu H X, Wen C. Numerical investigation of In$_{0.23}$Ga$_{0.77}$ As-based planar Gunn diodes with fundamental frequency up to 116 GHz[J]. Applied Physics A, 2015, 120(4): 1593 - 1598.

[61] Wang S, Liu H, Zhang H, et al. Research on the origin of negative effect in uniform doping GaN-based Gunn diode under THz frequency[J]. Applied Physics A, 2016, 122(6): 578.

[62] Íñiguez-de-la-Torre A, Íñiguez-de-la-Torre I, Mateos J, et al. Searching for THz Gunn oscillations in GaN planar nanodiodes[J]. Journal of Applied Physics, 2012, 111(11): 113705.

[63] 黄永宏.基于能量平衡模型的 GaN 太赫兹耿氏二极管特性研究[D].西安：西安电子科技大学,2014.

[64] Liu Z Y, Yang J H. Research progresses and applications of terahertz diodes[J]. Devices and Technology, 2014, 51(8): 489 - 497.

[65] Yurchenko V, Yurchenko L. Time-domain simulation of power combining in a chain of THz Gunn diodes in a transmission line[J]. International Journal of Infrared and Millimeter Waves, 2004, 25(1): 43 - 54.

[66] Pan J T, Wang Y, Xu K Y, et al. Tunable Gunn oscillations in a top-gated planar nanodevice[J]. Solid State Communications, 2018, 271: 85 - 88.

[67] 龙双.新型氮化铟基太赫兹耿氏二极管研究[D].西安：西安电子科技大学,2013.

[68] 张旭虎.GaN 耿氏二极管及振荡器设计[D].西安：西安电子科技大学,2011.

[69] Kokubo Y. Dual frequency oscillator using gunn diodes with a frequency dependent mode converter[J]. IEEE Microwave and Wireless Components Letters, 2017,

27(2)：156－158.

[70] 胡军格.基于共振隧穿二极管的太赫兹通信技术进展[J].中国新通信,2016 (15)：126.

[71] Wei-lian G U O. Design on the material structure of RTD：Lecture of RTD（5） [J]. Micronanoelectronic Technology，2006，43(8)：361－365，392.

[72] Alekseev E，Eisenbach A，Pavlidis D，et al. GaN-based NDR devices for THz generation ［C］//The 11th International Symposium on Space Teraherz Technology. 2000，162.

[73] Papageorgiou V，Khalid A，Li C，et al. Cofabrication of planar Gunn diode and HEMT on InP substrate[J]. IEEE Transactions on Electron Devices，2014，61 (8)：2779－2784.

[74] Nagatsuma T，Hirata A，Sato Y，et al. Sub-terahertz wireless communications technologies ［C］//2005 18th International Conference on Applied Electromagnetics and Communications. IEEE，2005：1－4.

[75] Bird T. Terahertz radio systems：The next frontier? ［C］//Workshop on the Applications of Radio Science （WARS'06）. 2006：15－17.

4

太赫兹
固态放大器

4.1 太赫兹晶体管概况

4.1.1 太赫兹异质结场效应晶体管

1. InP 基高电子迁移率晶体管器件的进展

太赫兹单片集成电路(Terahertz Monolithic Integrated Circuit，TMIC)的核心器件是太赫兹晶体管，太赫兹发射器和接收器频率与性能的提高极大地依赖于太赫兹晶体管的发展。为了使晶体管的截止频率 f_T 和最大振荡频率 f_{max} 超过 1 THz，各个研究机构做了大量的工作并取得了很大的进展。而采用 InGaAs 材料作为沟道的 InP 基晶体管具有很高的电子迁移率，成为太赫兹频段最有潜力和发展前景的器件。

在 DARPA 的支持下，诺斯罗普·格鲁曼航天系统(Northrop Grumman Aerospace Systems，NGAS)对 InP 基高电子迁移率晶体管(High Electron Mobility Transistors，HEMT)和异质结双极型晶体管(Heterojunction Bipolar Transistor，HBT)进行了研究和规划，如图4-1所示为他们规划的超高频器件

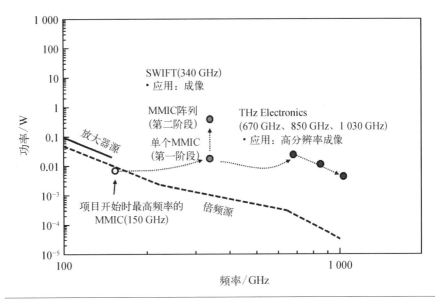

图 4-1
DARPA 超高频器件研究计划[1]

研究计划。表 4 - 1 所示为 DARPA THz Electronics 项目的目标,最终实现工作频率大于 1 THz 的太赫兹放大器[1]。

	中心工作频率/GHz	670	850	1 030
发射器/接收器	发射器输出功率 P_{out}/dBm	4	2	0
	发射器相位噪声/(dBc/Hz)	−33	−30	−27
	发射器调制带宽/GHz	15	15	15
	接收器噪声系数 NF/dB	12	12	12
	最小瞬时带宽/GHz	15	15	15
高功率放大器	输出功率 P_{out}/dBm	18	14	10
	功率附加效率/%	0.75	0.5	0.2
	最小瞬时带宽/GHz	15	15	15
	增益/dB	20	18	16

表 4 - 1 DARPA THz Electronics 项目目标

T 型纳米栅的制作是太赫兹频段放大器工艺技术中最关键的一环,因为栅长直接制约了晶体管的工作频率。由于 InP 半导体器件正在向工作频率高、噪声低等方向发展,而缩短栅长可提高工作频率,所以 InP 器件 T 型栅的制作越来越微细,想要使得器件在太赫兹频段工作,需要制作几十纳米栅长,一般采用电子束直写曝光方式来进行栅光刻。目前国外很多研究单位已经采用多种方法制作出了尺寸为 20~50 nm 的 T 型栅,图 4 - 2 所示为 Northrop Grumman 公司所制作出的 35 nm 和 30 nm T 型栅的 SEM 照片[2,3]。

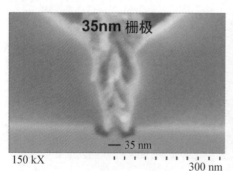

(a) 35 nm T型栅SEM照片

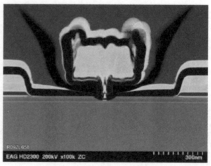

(b) 30 nm T型栅SEM照片

图 4 - 2 Northrop Grumman 公司所制作的 T 型栅 SEM 照片[2,3]

近年来,由于纳米 T 型栅工艺的突破,InP HEMT 器件的性能取得了很大进展。2007 年 Northrop Grumman Space Technology 公司报道的 35 nm 栅长的 InAs/InGaAs 复合沟道的 InP HEMT 器件,其 f_T 为 385 GHz,f_{max} 高达 1.2 THz[2]。

2010 年 Dae-Hyun Kim 等研制出 50 nm 栅长的增强型 InP HEMT 器件,采用 Pt/Ti/Pt/Au 作为栅金属,并使用栅下沉技术使得栅金属与沟道的距离大大缩短,仅为 4 nm,成功抑制了短沟道效应,增加了栅控能力,器件的 f_T 为 465 GHz,f_{max} 为 1.06 THz,跨导为 1.75 mS/μm。图 4-3 为他们所研制的埋栅结构的增强型 InP HEMT 器件的结构示意图[4]。

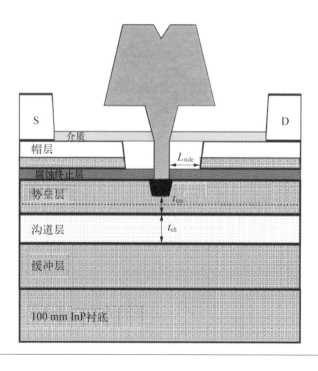

图 4-3
增强型 InP
HEMT 器件的
结构示意图[4]

同年 X. B. Mei 等报道了具有 InGaAs/InAlAs 复合欧姆接触帽层结构的 InAs/InAlAs InP HEMT 器件结果,其中典型值 $f_T > 500$ GHz,$f_{max} > 1\,000$ GHz,跨导 G_m 为 2 400 mS/mm[5]。2010 年 W. R. Deal 等报道了 480 GHz 的 TMIC 单片模块,基于 sub-50 nm 栅长的 InAs/InAlAs InP HEMT 器件,器

件的 f_T 为 580 GHz,f_{max} 为 1.2 THz[6]。2011 年 W. R. Deal 等又报道了基于 30 nm 的栅长 InAs/InGaAs 复合沟道的 InP HEMT 的 670 GHz TMIC 单片电路,其中 InP HEMT 器件的典型值为 f_T>600 GHz,f_{max}>1 200 GHz,跨导 G_m 大于 2 300 mS/mm,器件在 110 GHz 时的 MAG/MSG 高达 14.5 dB[7]。2015 年 X. B. Mei 等报道了工作频率大于 1 THz 的 TMIC 单片,该单片采用 25 nm T 型栅技术,InP HEMT 器件的最大振荡频率 f_{max} 高达 1.5 THz,跨导达到 3.1 S/mm,图 4-4 所示为器件的频率特性曲线[8]。

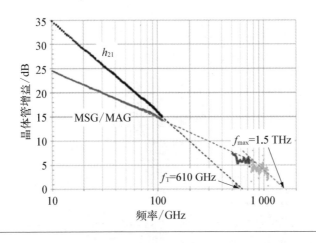

图 4-4
25 nm T 型 InP HEMT 器件的频率特性曲线[8]

我们统计了文献报道的不同栅长下的 InP HEMT 器件的频率特性,如图 4-5 所示。可以看出,器件的截止频率 f_T 和最大振荡频率 f_{max} 均随着栅长的

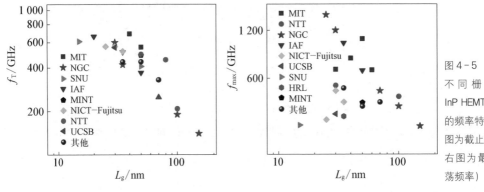

图 4-5
不同栅长下 InP HEMT 器件的频率特性(左图为截止频率,右图为最大振荡频率)

减小而升高,当栅长减小到一定程度时(如 50 nm 以下),InP HEMT 器件的最大振荡频率提升越来越困难,甚至有可能降低。这主要是由于随着栅长的减小,器件的寄生效应对高频性能的影响占比越来越大,需要对材料结构、器件结构以及器件工艺等多个方面进行优化。

2. THz InP HEMT 器件的基本原理

图 4-6 是 InP HEMT 器件的基本结构和能带图。从下到上分别为 InP 衬底、InAlAs 缓冲层、InGaAs 沟道、InAlAs 势垒层和重掺杂的 n++ InGaAs 欧姆接触层,其中 InAlAs 势垒层在靠近沟道几纳米的位置进行 δ 掺杂。该掺杂层在肖特基势垒和 InGaAs 沟道的作用下被耗尽,由于量子尺寸效应,InGaAs 沟道形成量子阱,转移到量子阱中的电子被限制在很薄的势阱中从而形成二维电子气(2DEG)。器件通过栅极下面的肖特基势垒来控制 InGaAs 沟道中二维电子气的浓度从而实现对电流的控制。由于二维电子气与势垒层中的杂质中心在空间上是分离的,在运动过程中不受电离杂质散射的影响,因此具有很高的迁移率。

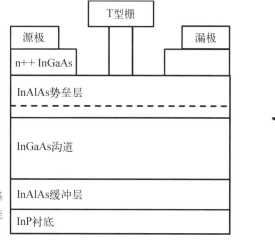
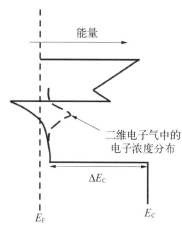

图 4-6
InP HEMT 的基本结构和能带图

3. 二维电子气的形成

具有不同带隙的两种不同半导体的结合会导致界面处形成能带差。这个能带差会导致异质结能带图的突变。异质结的能带图如图 4-7 所示。E_C 和 E_V 代表导带能级和价带能级,E_g 为带隙,E_F 为费米能级,$q\chi$ 为电子亲和势,ΔE_C 和 ΔE_V 分别表示两种材料的导带不连续性和价带不连续性。Anderson 首次提出理想突变异质结的能带模型,该模型假设 ΔE_C 等于电子亲和势的差值,如式(4-1)和式(4-2)所示。

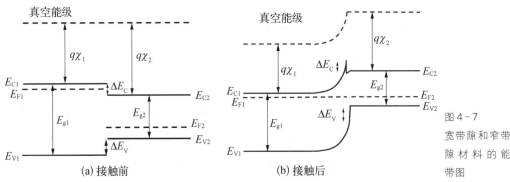

图 4-7 宽带隙和窄带隙材料的能带图

$$\Delta E_C = q(\chi_1 - \chi_2) \qquad (4-1)$$

$$\Delta E_V = (E_{g2} - E_{g1}) - q(\chi_1 - \chi_2) \qquad (4-2)$$

这种不连续性的存在使得异质结产生了很多有用的特性,如量子阱和二维电子气(2DEG)。

最简单的量子阱结构为中间一层薄的窄带隙半导体材料,上下为两层宽带隙材料。由于具有不同的带隙,在异质结界面产生导带和价带不连续性,导致电子和空穴量子阱的出现。量子阱中的载流子可以通过对宽带隙层进行掺杂来提供。如果量子阱的导带底位于费米能级下方,高能电子可以进入阱中,从而形成二维电子气。由于空间电荷和带隙弯曲的发生,在 InGaAs 和 InAlAs 界面处形成势垒,从而限制了载流子的转移。二维电子气能在平行于异质结界面的方向自由运动,在垂直于界面的方向则不能。

4. 金属-半导体接触

金属-半导体接触主要存在两种类型:第一种是肖特基接触,该模型解释了电子通过热电子发射的方式穿越势垒的一种整流效应;第二种是欧姆接触,它可以为半导体和金属提供低电阻通路。

图 4-8 所示为依据 Schottky-Mott 理论画出的不加偏压的金属-半导体接触前后的能带图。其中 ϕ_B 是接触势垒高度,ϕ_m 为金属功函数,$q\chi$ 为半导体的电子亲和势,V_i 为内建电压,E_C 为导带底能量,E_V 为价带顶能量,E_F 为费米能级,I_f 为正向电流,I_r 为反向电流。用某种方法把金属和半导体接触,电子将从半导体导带流向金属,直到费米能级拉平,从而使得半导体靠近结的位置发生电子耗尽,形成耗尽区(X_D),导致如图 4-8(b)所示的能带弯曲。能带弯曲产生势垒高度 ϕ_B 和内建电压 V_i,限制了电子从半导体向金属的进一步扩散。势垒高度可由式(4-3)给出

$$\phi_B = \phi_m - \chi \qquad\qquad (4-3)$$

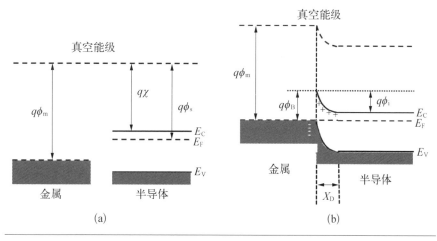

图 4-8
肖特基接触的
能带图
(a) 接触前;
(b) 接触后

在正向偏压条件下(V 为正),有效势垒($\phi_B - V$)降低,耗尽区 X_D 变窄,因此,电子更容易隧穿过势垒,导致流向金属的电流很大。反之,反向偏压情况下(V 为负),有效势垒($\phi_B - V$)升高,耗尽区 X_D 变宽,限制了流向金属的电流。

欧姆接触是提供金属半导体电流通路的低电阻结(非整流结)。这种接触在两个方向均具有线性的 I-V 特性。欧姆接触的目的是不影响器件特性的

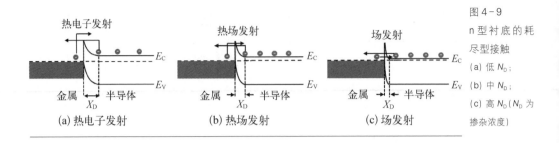

图 4-9
n 型衬底的耗
尽型接触
(a) 低 N_D;
(b) 中 N_D;
(c) 高 N_D(N_D 为
掺杂浓度)

情况下提供对外的电流通路。图 4-9 所示为不同掺杂浓度下发生的三种传导机制。欧姆接触中最常用的方法是对金属下方的半导体进行高掺杂(典型值为 10^{19} cm^{-3}),以实现势垒隧穿。

5. HEMT 外延材料能带图

与晶格匹配的材料结构相比,赝配材料中的二维电子气具有更好的载流子限制,因此器件具有优越的性能,如富载流子的沟道、高跨导和高输出电流。

HEMT 器件的源漏端电流通路是通过源漏端的欧姆接触由二维电子气沟道连接而成。通过栅压改变耗尽层宽度对电流进行控制。这里的栅接触为肖特基接触,器件结构的最上层为帽层,用于制作源漏欧姆接触。为形成良好的欧姆接触,帽层应为低带隙的半导体材料。帽层下面为肖特基势垒层,用于阻止热激发的栅电子进入半导体沟道,从而降低漏电流。薄的大带隙空间层作为中间层,使得电子从平面掺杂(δ 掺杂)层进入量子阱,形成二维电子气,通过最小化载流子的空间散射提高电子迁移率。

δ 掺杂层可以最小化寄生效应,采用 δ 掺杂的能带图如图 4-10 所示。E_1^{δ} 为 δ 掺杂层的量子化能级,E_1 为量子阱的量子化能级。当 E_1^{δ} 低于费米能级 E_F 时,在掺杂层会出现平行的寄生沟道,如果该层没有被内建的和所加电压完全耗尽,这个寄生沟道也会出现二维电子气,从而影响器件性能。同样,在体掺杂结构中,如果掺杂层的导带低于 E_F,该现象也会发生。

由图 4-10 可知,δ 掺杂和体掺杂结构都存在能带弯曲,尽管 δ 掺杂结构的掺杂水平更低,两种结构中沟道载流子浓度却相同,较高的掺杂浓度导致体

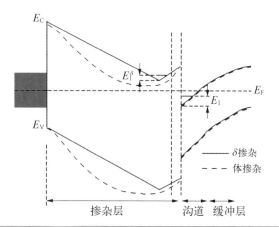

图 4 - 10
具有相同 2DEG
载流子浓度的
δ 掺杂和体掺
杂异质结的能
带图和量子化
能级

掺杂层具有更低的导带。换言之,在与体掺杂水平相同的情况下,δ 掺杂技术能够提供更高的 2DEG 载流子浓度,从而可以减少施主数目,避免不希望的寄生沟道出现。

6. HEMT 的基本特性

(1) 二维电子气浓度和栅极电压的关系

栅极电压 V_g 可以控制 HEMT 中的量子阱深度,从而控制 2DEG 的浓度。根据电荷控制模型 2DEG 浓度 n_s 与 V_g 关系可表示为

$$n_s \approx \frac{\varepsilon}{q(d + \Delta d)}(V_g + V_t) \qquad (4-4)$$

式中,ε 为 InAlAs 的介电常数;d 为该层厚度;Δd 为 2DEG 的有效厚度;V_t 为 HEMT 的阈值电压。

(2) I-V 特性

为求出伏安特性,一般采用缓变沟道近似,对于短沟道的 HEMT,还必须考虑电子漂移速度 v_d 与电场 ξ 的关系,因为在纳米尺寸栅长中有 1 V 的压降时,将产生超过 10 kV/cm 的强电场,远超过电子漂移速度达到最大时的电场。在强电场下,器件性能被电子的饱和速度所限制。饱和电流 I_{ds} 的表达式可表

示为

$$I_{ds} = \frac{\mu_n C_0 W_g}{2 L_G} \left[V_{ds}^2 - \left(\frac{I_{ds}}{\mu_n C_0 W_g \xi_m} \right)^2 \right] \qquad (4-5)$$

式中，μ_n 为电子迁移率；W_g 为栅极的宽度；V_{gs} 为栅极电压；C_0 为单位面积的栅电容；L_G 为栅长；ξ_m 为电子漂移速度达到最大时的电场。

（3）频率特性

电流截止频率和最大振荡频率是 InP HEMT 器件的两个重要参数，决定了放大器电路的最大工作频率及增益特性。分析这两个参数必须参照器件的小信号等效电路，典型的 HEMT/PHEMT 器件等效电路模型如图 4-11 所示。

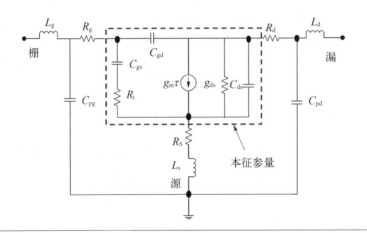

图 4-11
典型的 HEMT/PHEMT 器件等效电路模型[9]

从图 4-11 中可以看出，等效电路模型可以分为两部分：与偏压无关的外部参量（R_S、R_d、R_g、L_s、L_d、L_g、C_{pd} 和 C_{pg}）和与偏压有关的本征参量（g_m、R_i、τ、g_{ds}、C_{ds}、C_{gs} 和 C_{gd}）。其中 R_S、R_d、R_g 和 R_i 分别为源极、漏极、栅极和沟道电阻，L_s、L_d 和 L_g 分别为源极、漏极和栅极电感，C_{ds}、C_{gs} 和 C_{gd} 分别为源漏电容、栅源电容和栅漏电容，C_{pd} 和 C_{pg} 分别为漏极和栅极的 pad 电容，g_m 和 g_{ds} 分别为跨导和输出电导，τ 为跨导延迟。

HEMT 器件的电流增益定义为在输出端漏源短路时，漏极电流与栅极电

图 4 - 12
HEMT 器件输
出短路时本征
区的小信号等
效电路

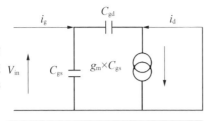

流之比,当器件电流增益的模值下降为 1 时,所对应的频率即为电流截止频率。由于 HEMT 器件的沟道电阻很小,可忽略不计,则器件本征区的小信号等效模型可用图 4 - 12 表示。

图 4 - 12 中 i_g 和 i_d 分别为

$$i_g = \frac{V_{gs}}{\left[\dfrac{1}{j\omega(C_{gs}+C_{gd})}\right]} = j\omega(C_{gs}+C_{gd})V_{gs} \tag{4-6}$$

$$i_d = g_m V_{gs} \tag{4-7}$$

式中,j 为虚数计算单位;ω 为角频率;V_{gs} 为栅极电压。

则电流增益表示为

$$A_i = \frac{i_d}{i_g} = \frac{g_m}{j\omega(C_{gs}+C_{gd})} \Rightarrow |A_i| = \frac{g_m}{2\pi f(C_{gs}+C_{gd})} \tag{4-8}$$

当电流增益为 1 时的频率即为截止频率,因此 f_T 可表示为

$$f_T = \frac{g_m}{2\pi(C_{gs}+C_{gd})} \tag{4-9}$$

考虑到高频下器件寄生电容和寄生电阻的影响,器件的截止频率可表示为

$$f_{T,ext} = \frac{g_m}{2\pi(C_{gs}+C_{gd})\left[1+\dfrac{(R_S+R_d)}{R_{ds}}\right]+C_{gd}g_m(R_S+R_d)} \tag{4-10}$$

由式(4 - 10)可知:器件跨导及寄生效应对截止频率影响很大,器件跨导跟栅长有直接的关系,因此限制 InP HEMT 在太赫兹波段工作的因素主要有栅长和寄生参量,尤其在器件栅长进入纳米尺寸时,寄生参量的影响所占比重逐渐加大。

最高振荡频率是指器件输出端完全匹配时可以提供功率增益的最高频

率。HEMT 器件驱动匹配负载时的等效原理图如图 4-13 所示。图中,R_L 为负载电阻,R_{ds} 和 R_L 为并联等效电阻。

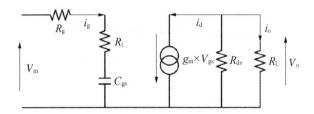

图 4-13
HEMT 器件驱动匹配负载时的等效电流原理图

电路的电压增益可表示为

$$| A_v |=\frac{V_{out}}{V_{in}}=\frac{g_m R_o}{\sqrt{1+\omega^2 C_{gs}^2 (R_g+R_i)^2}} \qquad (4-11)$$

式中,R_o 为等效电路的输出电阻。由于 $\omega^2 C_{gs}^2 (R_g+R_i)^2 \gg 1$,式(4-11)可简化为

$$| A_v |=\frac{g_m R_o}{2\pi f C_{gs}(R_g+R_i)}=\frac{f_T R_o}{f(R_g+R_i)} \qquad (4-12)$$

最高振荡频率定义为输出端接匹配负载情况下单向功率增益模值为 1 时的频率,它表征了器件实现功率放大最高频率的极限。此时 $R_L=R_{ds}$,$R_o=R_{ds}/2$,因此对应的电压增益与电流增益分别如式(4-13)和式(4-14)所示

$$| A_v |=\frac{f_T R_{ds}}{2f(R_g+R_i)} \qquad (4-13)$$

$$| A_i |=\frac{i_o}{i_g}=\frac{g_m}{4\pi f C_{gs}}=\frac{f_T}{2f} \qquad (4-14)$$

所以器件的单向功率增益模值为

$$G_p=| A_v |\times| A_i |=\left(\frac{f_T}{f}\right)^2 \frac{R_{ds}}{4(R_g+R_i)} \qquad (4-15)$$

当器件的单向功率增益变为 1 时,对应的最高振荡频率为

$$f_{\max} = f_{\mathrm{T}}\sqrt{\frac{R_{\mathrm{ds}}}{4(R_{\mathrm{g}}+R_{\mathrm{i}})}} = \frac{f_{\mathrm{T}}}{2}\sqrt{\frac{R_{\mathrm{ds}}}{R_{\mathrm{g}}+R_{\mathrm{i}}}} \tag{4-16}$$

考虑寄生效应,器件的最高振荡频率可表示为

$$f_{\max} = \frac{f_{\mathrm{T}}}{\sqrt{4g_{\mathrm{ds}}(R_{\mathrm{g}}+R_{\mathrm{i}}+R_{\mathrm{S}}) + \dfrac{2C_{\mathrm{gd}}}{C_{\mathrm{gs}}}\left[\dfrac{C_{\mathrm{gd}}}{C_{\mathrm{gs}}}+g_{\mathrm{m}}(R_{\mathrm{i}}+R_{\mathrm{S}})\right]}} \tag{4-17}$$

由式(4-17)可知,器件 $f_{\max}$ 与电流增益截止频率、栅源和栅漏电容比例、输出电阻、寄生电阻尤其是栅寄生电阻有关。增加 f_{T} 的措施可用于 $f_{\max}$ 的提高;同时通过优化栅结构,比如采用 T 型栅可以减小栅金属寄生电阻;另外通过引入非对称栅槽、栅帽工艺可优化栅源与栅漏电容比例,从而提高器件最高振荡频率。

(4) 跨导特性

HEMT 器件栅极电压通过改变量子阱中费米能级的位置,对二维电子气浓度进行调控。加上一定的漏源电压后,会在沟道内形成导通电流。跨导表示栅对源漏电流的调控能力,定义为沟道中漏极电流随栅源电压的变化率

$$g_{\mathrm{m}} = \frac{\delta I_{\mathrm{d}}}{\delta V_{\mathrm{gs}}}\Big|_{V_{\mathrm{ds}}=\mathrm{const}} \tag{4-18}$$

对于长沟道和短沟道器件,饱和区跨导分别为式(4-19)和式(4-20)所示,此处假设短沟道器件中,载流子以饱和漂移速度移动。

$$g_{\mathrm{m}} = \frac{WC_{\mathrm{s}}\mu_{\mathrm{n}}}{L}(V_{\mathrm{gs}}-V_{\mathrm{p}}) \tag{4-19}$$

$$g_{\mathrm{m}} \propto v_{\mathrm{sat}}n_{\mathrm{s}} \tag{4-20}$$

由式(4-19)可知,跨导正比于二维电子气栅电容 C_{s}、栅宽长比 W/L,以及电子迁移率 μ_{n}。由式(4-20)可知,跨导会随着沟道二维电子气浓度 n_{s} 的提高以及饱和漂移速度 v_{sat} 的增加而增加。

(5) 输出电导

输出电导 g_{ds} 定义为漏极电流随源漏电压的变化率,即

$$g_{ds} = \frac{\delta I_d}{\delta V_{ds}} \Big|_{V_{gs} = const} \qquad (4-21)$$

4.1.2　太赫兹异质结双极型晶体管

与 InP HEMT 相比,采用宽带隙的 InP 材料作为集电极的双异质结双极晶体管在相同的电流增益截止频率下具有更高的击穿电压,更适合用来设计功率放大器。与 InP HEMT 不同,InP HBT 为纵向器件,图 4 - 14 为典型的 InP 双异质结双极型晶体管(Double Heterojunction Bipolar Transistor,DHBT)结构图,包括 InP 衬底、集电极、基极和发射极。

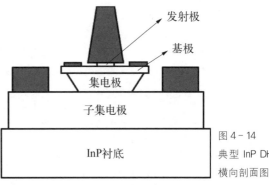

图 4 - 14
典型 InP DHBT
横向剖面图

1. InP HBT 直流性能

InP HBT 的直流参数主要包括电流增益 β、补偿电压 V_{offset}、膝点电压 V_{knee} 和击穿电压等。

对于突变异质结 HBT,其电流输运通常有以下三种:扩散模型(安德森模型)、热电子发射模型和隧穿模型[10]。扩散模型和热电子发射模型认为 HBT 存在导带尖峰,只有能量高于势垒尖峰时,电子才能从发射区扩散到基区。而隧穿模型则认为电子可以隧穿的方式通过势垒尖峰,从而从发射区到达基区。同时,HBT 还存在异质界面态,从而产生隧道复合电流和势垒复合电流,也可以通过改变势垒而影响载流子输运。HBT 的 I - V 特性如式(4-22)所示。

$$I_E = I_0 \left[\exp\left(\frac{q V_{BE}}{\eta k T}\right) - 1 \right] \qquad (4-22)$$

式中,V_{BE} 为发射结偏压;η 为理想因子;T 为热力学常数。

HBT 的电流增益 β 主要与基区的俄歇复合有关,如式(4-23)所示,式中

A 为俄歇复合系数；$\mu_{e,b}$ 为基区的少子迁移率；N_a 为基区掺杂浓度；T_a 为基区厚度。

$$\beta = \frac{2kTA\mu_{e,b}}{N_a^2\, T_a^2} \tag{4-23}$$

由式(4-23)可知，降低基区厚度和掺杂浓度可以提高电流增益，但会增加基极的电阻，从而降低器件的最大振荡频率 f_{max}，所以在设计 HBT 时，需要根据实际的需求折中考虑。

发射结和集电结的开启电压不同导致补偿电压 V_{offset} 存在，它与 HBT 的材料结构、物理结构以及制作工艺等因素有关。V_{offset} 可以由式(4-24)表示，可以看出，发射结和集电结面积、注入效率和寄生电阻等参数都会影响补偿电压 V_{offset}。

$$V_{offset} = R_E I_B + \frac{\eta kT}{q}\ln\left(\frac{A_C}{A_E}\right) + \frac{\eta kT}{q}\ln\left(\frac{I_{SC}}{I_{SE}}\right) \tag{4-24}$$

式中，R_E 为发射极电阻；η 为理想因子；T 为热力学温度；A_C 为集电极面积；A_E 为发射极面积；I_{SC} 为集电极饱和电流；I_{SE} 为发射极饱和电流。

集电极电流 I_C 达到饱和状态时所对应的集电极-发射极电压即为膝点电压 V_{knee}，可以表示为

$$V_{knee} = \frac{\eta_{BE}kT}{q}\ln\left[\frac{I_E - \alpha_R I_C}{I_{SE}(1 - \alpha_R \alpha_F)}\right] - \frac{\eta_{BC}kT}{q}\ln\left[\frac{\alpha_F I_E - I_C}{I_{SC}(1 - \alpha_R \alpha_F)}\right] + I_E R_E + I_C R_C \tag{4-25}$$

式中，R_E 为发射极电阻；R_C 为集电极电阻；η_{BE} 为发射极电流理想因子；η_{BC} 为集电极电流理想因子；α_R 是反向电流转移率；α_F 是正向电流转移率。

从式(4-25)可以看出，降低膝点电压可通过减小发射基电阻和集电极电阻来实现，因为膝点电压直接影响器件的最大输出功率，所以应该想办法减小发射极电阻和集电极电阻以降低膝点电压。

HBT 器件的击穿电压包括 BV_{ceo}、BV_{ebo} 和 BV_{ebo}。为了增加击穿电压，易采

用集电极区域同样是带隙较宽的双异质结双极型晶体管（DHBT）。

2. InP HBT 的高频特性

图 4-15 所示为 InP HBT 的小信号等效电路图，红框内的区域是 HBT 的本征参量，红框外的部分是寄生参量。其中，L_B、L_C、L_E 分别是基极、集电极和发射基的寄生电导；R_B、R_C、R_E 分别是基极、集电极和发射极的寄生电阻；C_{pbc}、C_{pbe}、C_{pce} 分别是基极-集电极、基极-发射极和集电极-发射极间的 PAD 耦合电容；R_{bb} 是基极本征电阻，R_{jc} 和 R_{je} 分别是基极-集电极和基极-发射极的动态电阻；C_{jc} 和 C_{ex} 是 BC 内外电容，分别对应发射极和基极电极下的集电极电容；C_{je} 是基极-发射极电容；α_0 表征从集电极到发射极的电流增益。

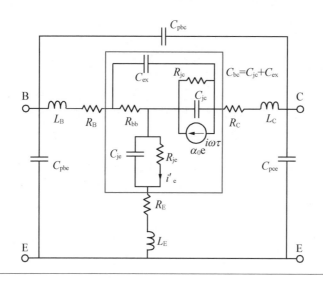

图 4-15
InP HBT 的小信号等效电路图[11]

与 HEMT 相同，截止频率 f_T 和最高振荡频率 f_{max} 是描述 HBT 器件频率特性两个重要参数[11]，其含义与 HEMT 器件也相同。同样将器件看作二端口电路，二端口参数 H21 等于 1 时所对应的工作频率即为器件的截止频率 f_T，可表示为

$$f_T = \frac{1}{2\pi\tau_{ce}} \tag{4-26}$$

$$\tau_{ce} = R_{je}(C_{je} + C_{bc}) + \tau_b + \tau_c + C_{bc}(R_E + R_C) \qquad (4-27)$$

式中,τ_b 为基极的渡越时间;τ_c 为基极的渡越时间;τ_{ce} 为集电极-发射极间的渡越时间。

由式(4-26)式(4-27)可知,f_T 由集电极-发射极间的渡越时间 τ_{ce} 决定,渡越时间 τ_{ce} 越短,f_T 越高,为提高器件的 f_T,需降低集电极和发射极之间的距离。

功率增益下降到 1 时的频率值即为最大振荡频率 f_{max},可表示为

$$f_{max} = \sqrt{\frac{f_T}{8\pi(R_{bb} + R_B)C_{jc}}} \qquad (4-28)$$

4.2 太赫兹固态低噪声放大器

InP HEMT 器件由于具有高的跨导、高的电子迁移率和高的截止频率,一直以来都是制作低噪声放大器的最优选择。很长时间以来,低噪声放大器的频率发展很慢,在 2007 年以前其频率还一直处于 300 GHz 以下工作,之后随着 InP HEMT 的发展,LNA 的研究才有了较大进步,频率扩展到 300 GHz 以上。2010 年,Northrop Grumman 公司报道了工作频率为 0.48 THz 的低噪声放大器模块,在固态放大器中,与之前的技术水平相比工作频率提高了将近 50%,放大器的峰值增益达到 11.7 dB。图 4-16 和图 4-17 分别是器件的芯片照片和 S 参数测试曲线[6]。

2010 年,Northrop Grumman 公司又报道了两种共射共基放大器[12],一个为宽带 3 级放大器,在频率 300 GHz 时增益为 17 dB,噪声系数为 8.3 dB,图 4-18 为该放大器的增益和噪声系数测试结果;另一个为窄带放大器,在工作频率为 0.55 THz 时增益达到 10 dB。2011 年,William. R. Deal 等报道了第一个工作频率为 0.67 THz 的低噪声放大器[7],其中 InP HEMT 为 InGaAs/InAs 复合沟道,采用 30 nm T 型栅工艺。放大器为 5 级共面波导集成电路,其噪声系数为 13 dB,增益大于 7 dB,测试曲线如图 4-19 所示。同时采用 10 级放大电路得到的峰值增益可达 30 dB。

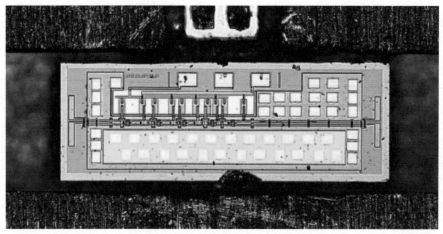

图 4 - 16
480 GHz 低噪声放大器的照片[6]

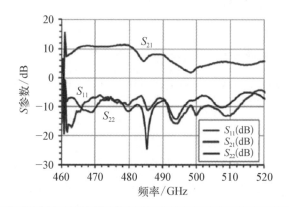

图 4 - 17
480 GHz 低噪声放大器模块的 S 参数测试曲线[6]

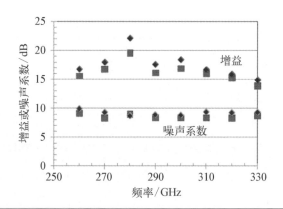

图 4 - 18
300 GHz 低噪声放大器模块增益和噪声系数测试结果[12]

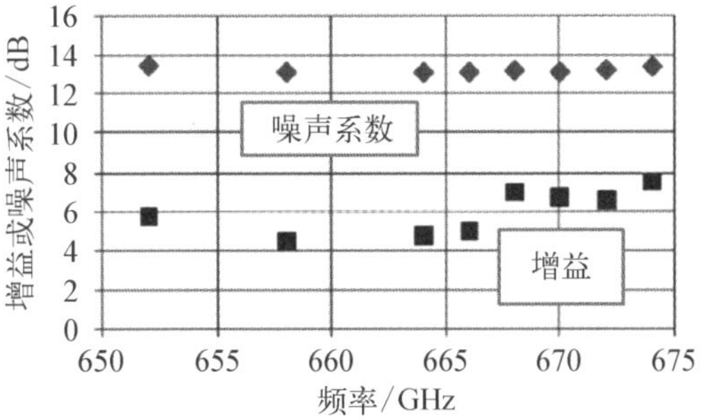

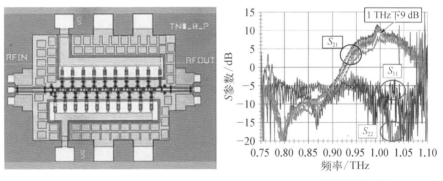

图 4 - 19
670 GHz 放大器模块的噪声系数和增益测试数据[7]

2015 年，X. B. Mei 等报道了工作频率高达 1 THz 的放大器单片集成电路[8]。该单片基于 25 nm 栅长的 InP HEMT 器件，跨导为 3.1 S/mm，最大振荡频率可达 1.5 THz，1 THz 下的 MAG 为 3.5 dB。放大器单片共 10 级，1 THz 频率下的增益达到 9 dB。图 4 - 20 所示为 10 级 1 THz 放大器的芯片照片和 S 参数测试曲线。

图 4 - 20
10 级 1 THz 放大器芯片照片和 S 参数测试曲线[8]

4.2.1 低噪声放大器特性

1. 放大器的基本理论

（1）二端口网络的基本概念

描述高频设计性能最简单有效的方法是使用二端口网络进行表述。图 4 - 21 所示为二端口网络的框图。二端口网络描述输入端口的电压 v_1 和电流 i_1 与输出端口的电压 v_2 和电流 i_2 之间的关系。

图 4 - 21
二 端 口 网 络
框图

在低频状态下,二端口网络的电路端口可以作为理想的短路或开路。可以采用阻抗矩阵 $\boldsymbol{Z}$ 来描述一个二端口网络的端口电压和电流的关系。参数 Z_{11} 用来描述在端口 2 开路的条件下,端口 1 电压 v_1 和电流 i_1 的关系;参数 Z_{22} 用来描述在端口 1 开路的条件下,端口 2 电压 v_2 和电流 i_2 的关系。采用 Z_{21} 和 Z_{12} 两个参数反应网络的传输特性:参数 Z_{21} 用来描述在端口 2 开路的条件下,端口 1 的电流 i_1 在端口 2 产生的电压 v_2;参数 Z_{12} 用来描述在端口 1 开路的条件下,端口 2 的电流 i_2 在端口 1 产生的电压 v_1。

利用阻抗矩阵 $\boldsymbol{Z}$ 的这四个参数可以描述两端口网络电压和电流的关系。按照线性叠加原理,上述关系表示为

$$\boldsymbol{V} = \boldsymbol{Z}\boldsymbol{I} \tag{4-29}$$

其中,

$$\boldsymbol{V} = \begin{bmatrix} v_1 \\ v_2 \end{bmatrix} \tag{4-30}$$

$$\boldsymbol{I} = \begin{bmatrix} i_1 \\ i_2 \end{bmatrix} \tag{4-31}$$

$$\boldsymbol{Z} = \begin{bmatrix} Z_{11} & Z_{12} \\ Z_{21} & Z_{22} \end{bmatrix} \tag{4-32}$$

式中, $Z_{11} = \dfrac{v_1}{i_1}\Big|_{i_2=0}$; $Z_{12} = \dfrac{v_1}{i_2}\Big|_{i_1=0}$; $Z_{21} = \dfrac{v_2}{i_1}\Big|_{i_2=0}$, $Z_{22} = \dfrac{v_2}{i_2}\Big|_{i_1=0}$ 。条件 $i_1=0$ 对应于端口 1 开路,条件 $i_2=0$ 对应于端口 2 开路。 Z_{11} 是当端口 2 开路时,从端

口 1 向网络看的阻抗，Z_{22} 是当端口 1 开路时，从端口 2 向网络看的阻抗。

当已知各端口电压需要确定各端口电流的时候，就需要使用导纳矩阵 $\boldsymbol{Y}$。对于一个二端口网络，电压和电流的关系可以表示为

$$\boldsymbol{I} = \boldsymbol{Y}\boldsymbol{V} \tag{4-33}$$

其中，$\boldsymbol{V}$ 和 $\boldsymbol{I}$ 的定义如式(4-30)和式(4-31)所示，$\boldsymbol{Y}$ 的定义为

$$\boldsymbol{Y} = \begin{bmatrix} Y_{11} & Y_{12} \\ Y_{21} & Y_{22} \end{bmatrix} \tag{4-34}$$

式中，$Y_{11} = \dfrac{i_1}{v_1}\Big|_{v_2=0}$；$Y_{12} = \dfrac{i_1}{v_2}\Big|_{v_1=0}$；$Y_{21} = \dfrac{i_2}{v_1}\Big|_{v_2=0}$；$Y_{22} = \dfrac{i_2}{v_2}\Big|_{v_1=0}$。

阻抗矩阵 $\boldsymbol{Z}$ 和导纳矩阵 $\boldsymbol{Y}$ 分别给出了从端口电流获得电压和从端口电压获得电流的方法，反映了网络端口电压和电流之间的关系。

Z 参数和 Y 参数为低频状态下的二端口网络参数，其二端口网络满足基尔霍夫电压定律和基尔霍夫电流定律，具有开路和短路特性。

但是在射频和微波状态下，低频网络参数不再适用。对于一个微波二端口网络可用 4 个 S 参数描述其特性，在微波系统中其实际物理意义为测试信号与输入信号的功率比，微波系统二端口网络如图 4-22 所示。

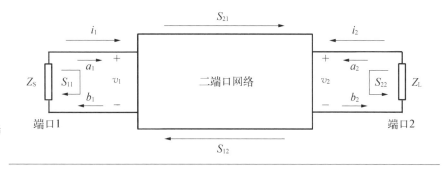

图 4-22
微波系统二端口网络示意图

图中 a_1 表示输入端口的入射波，b_1 表示输入端口的反射波，a_2 表示输出端口的入射波，b_2 表示输出端口的反射波。

二端口网络的 S 参数矩阵为

$$\begin{bmatrix} b_1 \\ b_2 \end{bmatrix} = \begin{bmatrix} S_{11} & S_{12} \\ S_{21} & S_{22} \end{bmatrix} \begin{bmatrix} a_1 \\ a_2 \end{bmatrix} \qquad (4-35)$$

式中，S_{11} 表示端口 1 的反射系数；S_{22} 表示端口 2 的反射系数；S_{12} 代表输出端到输入端的传输系数即反向增益；S_{21} 代表输入端到输出端的传输系数即正向增益。假设输入端或者输出端完全匹配，则 S 参数可以用反射波与入射波之比来表示，由式(4-35)可得

$$S_{11} = \frac{b_1}{a_1}\Big|_{a_2=0} \qquad (4-36)$$

$$S_{12} = \frac{b_1}{a_2}\Big|_{a_1=0} \qquad (4-37)$$

$$S_{21} = \frac{b_2}{a_1}\Big|_{a_2=0} \qquad (4-38)$$

$$S_{22} = \frac{b_2}{a_2}\Big|_{a_1=0} \qquad (4-39)$$

S 参数特性可以应用于线性和非线性网络，一旦网络的 S 参数被确定，不需要知道网络内部情况，其在任何外部环境中的行为都可以被预测。理论上，S 参数分析更为简单方便，同时可以对测试和设计问题提供更为深入广阔的视角。

S 参数与 Y 参数、Z 参数可以相互转化，S 参数转化为 Y 参数的公式为

$$Y_{11} = \frac{(1-S_{11})(Z_{o2}^* + S_{22}Z_{o2}) + S_{12}S_{21}Z_{o2}}{\Delta_1} \qquad (4-40)$$

$$Y_{12} = \frac{-2S_{12}\sqrt{R_{o1}R_{o2}}}{\Delta_1} \qquad (4-41)$$

$$Y_{21} = \frac{-2S_{21}\sqrt{R_{o1}R_{o2}}}{\Delta_1} \qquad (4-42)$$

$$Y_{22} = \frac{(1+S_{11})(Z_{o1}^* - S_{22}Z_{o1}) + S_{12}S_{21}Z_{o1}}{\Delta_1} \qquad (4-43)$$

其中,

$$\Delta_1 - (Z_{o1}^* + S_{11}Z_{o1})(Z_{o2}^* + S_{22}Z_{o2}) - S_{12}S_{21}Z_{o1}Z_{o2} \qquad (4-44)$$

S 参数转化为 Z 参数的公式为

$$Z_{11} = \frac{(Z_{o1}^* + S_{11}Z_{o1})(1-S_{22}) + S_{12}S_{21}Z_{o1}}{\Delta_2} \qquad (4-45)$$

$$Z_{12} = \frac{2S_{12}\sqrt{R_{o1}R_{o2}}}{\Delta_2} \qquad (4-46)$$

$$Z_{21} = \frac{2S_{21}\sqrt{R_{o1}R_{o2}}}{\Delta_2} \qquad (4-47)$$

$$Z_{22} = \frac{(Z_{o2}^* + S_{22}Z_{o2})(1-S_{11}) + S_{12}S_{21}Z_{o2}}{\Delta_2} \qquad (4-48)$$

其中,

$$\Delta_2 = (1-S_{11})(1-S_{22}) - S_{12}S_{21} \qquad (4-49)$$

Z_{o1} 和 Z_{o2} 分别为输入端和输出端的特性阻抗,R_{o1} 和 R_{o2} 分别为 Z_{o1} 和 Z_{o2} 的实部,Z_{o1}^* 和 Z_{o2}^* 分别为 Z_{o1} 和 Z_{o2} 的共轭,一般为 50 Ω。

(2) 放大器的增益

增益是放大电路的重要指标之一,有很多种可以描述增益的方式,如电压增益 A_v、实际功率增益 G_p、转换功率增益 G_t 以及资用功率增益 G_A 等。分析这些增益最简单的方法是使用二端口网络的信号传输图,如图 4-23 所示。图中,b_S 为源信号,Z_S 为信号源阻抗,Z_L 为负载阻抗,P_{in} 为输入功率,P_L 为负载吸收的功率。

放大器的电压增益 A_v 定义为输出电压和输入电压之比

$$A_v = \frac{V_{out}}{V_{in}} = \frac{a_2 + b_2}{a_1 + b_1} \qquad (4-50)$$

式中,a_1、a_2、b_1 和 b_2 等参数的含义与前面相同。

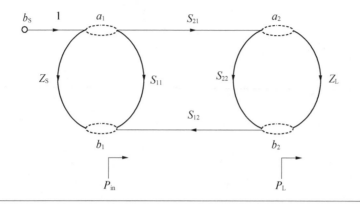

図 4 - 23
二端口网络的
信号传输图

通过推导,可以得出电压增益为

$$A_v = \frac{S_{21}(1+Z_L)}{(1-S_{22}Z_L)+S_{11}(1-S_{22}Z_L)+S_{21}Z_L S_{12}} \qquad (4-51)$$

式中,Z_L 为负载阻抗。

为了确保放大器的输入端和输出端分别与信号源内阻和负载阻抗匹配,一般在设计放大器时会设计相应的输入输出匹配网络,因此有

$$\Gamma_S = \frac{Z_S - Z_0}{Z_S + Z_0} \qquad (4-52)$$

$$\Gamma_L = \frac{Z_L - Z_0}{Z_L + Z_0} \qquad (4-53)$$

式中,Γ_S 为源端反射系数;Γ_L 为负载端反射系数;Z_S 为信号源阻抗,指从放大器向信号源看进去的阻抗;Z_L 为负载阻抗,是从放大器向负载看进去的阻抗;Z_0 为测量晶体管时的参考阻抗。

输入、输出反射系数可由反射系数定义得到

$$\Gamma_{in} = \frac{Z_{in} - Z_0}{Z_{in} + Z_0} = S_{11} + \frac{S_{21}S_{12}\Gamma_L}{1 - S_{22}\Gamma_L} \qquad (4-54)$$

$$\Gamma_{out} = \frac{Z_{out} - Z_0}{Z_{out} + Z_0} = S_{22} + \frac{S_{21}S_{12}\Gamma_L}{1 - S_{22}\Gamma_L} \qquad (4-55)$$

把负载所吸收的功率 P_L 与输入功率 P_{in} 的比值定义为实际功率增益 G_P，表示如下

$$G_P = \frac{P_L}{P_{in}} = \frac{|S_{21}|^2(1-|\Gamma_L|^2)}{|1-S_{22}\Gamma_L|^2(1-|\Gamma_{in}|^2)} \tag{4-56}$$

式(4-56)所定义的功率增益 G_P 中考虑了放大器输入端还有输出端失配所引起的增益损耗。

资用功率增益 G_a 是在放大器的输入端口与输出端口都实现共轭匹配的特殊情况下产生的功率增益。将负载所吸收的资用功率 P_{La} 与信号源输出的资用功率 P_a 的比值定义为资用功率增益，表示如下

$$G_a = \frac{P_{La}}{P_a} = \frac{|S_{21}|^2(1-|\Gamma_L|^2)(1-|\Gamma_S|^2)}{|1-S_{22}\Gamma_L|^2|1-S_{22}\Gamma_S|^2} \tag{4-57}$$

转换功率增益 G_t 可以通过放大器输出端负载实际获得的功率 P_L 与输入端输出的信号源的资用功率 P_a 的比值来表示

$$G_t = \frac{P_L}{P_a} = \frac{|S_{21}|^2(1-|\Gamma_L|^2)(1-|\Gamma_S|^2)}{|1-S_{22}\Gamma_L|^2|1-\Gamma_{in}\Gamma_S|^2} \tag{4-58}$$

由上面三式可知，三种功率增益之间的关系为

$$G_t = \frac{P_L}{P_a} = \frac{P_L}{P_{in}} \cdot \frac{P_{in}}{P_a} = G_p M_1 \tag{4-59}$$

$$G_t = \frac{P_L}{P_a} = \frac{P_L}{P_{La}} \cdot \frac{P_{La}}{P_a} = M_2 G_a \tag{4-60}$$

式中，M_1 是输入端的适配系数；M_2 是输出端的适配系数。

$$\begin{cases} M_1 = \dfrac{(1-|\Gamma_{in}|^2)(1-|\Gamma_S|^2)}{|1-\Gamma_{in}\Gamma_S|^2} \\[4mm] M_2 = \dfrac{(1-|\Gamma_L|^2)(1-|\Gamma_{out}|^2)}{|1-\Gamma_{out}\Gamma_L|^2} \end{cases} \tag{4-61}$$

当放大器的输入端口和输出端口都实现共轭匹配的时候，以上三个功率增益才相等，即 $M_1 = M_2 = 1$ 时，$G_t = G_p = G_a$。

（3）噪声系数

噪声是可以降低放大器性能或者所需信号质量的信号，是我们不希望出现的。在设计低噪声放大器时，噪声是必须要着重考虑的。一般采用噪声系数 f_n 来对噪声进行评价，其定义是输入端信噪功率比和输出端信噪功率比的比值。

$$f_n = \frac{s_i/n_i}{s_o/n_o} \tag{4-62}$$

式（4-62）中，s_i 和 s_o 分别代表低噪声放大器输入端和输出端的信号功率；n_i 和 n_o 分别代表低噪声放大器输入端和输出端的噪声功率。

通常噪声系数用分贝表示为

$$NF(\text{dB}) = 10\lg f_n \tag{4-63}$$

N 级级联的放大器的总噪声为

$$F = F_1 + \frac{F_2 - 1}{G_1} + \frac{F_3 - 1}{G_1 G_2} + \cdots + \frac{F_n - 1}{G_1 G_2 \cdots G_{(n-1)}} + \cdots \tag{4-64}$$

式中，F 为整个接收系统的噪声系数，F_1、F_2、F_3、$\cdots$、F_n 分别为各级的噪声系数；G_1、G_2、G_3、$\cdots$、G_n 分别为各级的放大增益。

由式（4-64）可以知道整个系统的噪声系数主要由第一级决定，只有当处于接收机前端的低噪声放大器的噪声系数足够低，并且有足够大的增益时，才能抑制后级噪声对系统的影响。低噪声放大器的噪声系数公式如下

$$F = F_{\min} + 4\frac{R_n}{R_0} \frac{|\Gamma_S - \Gamma_{\text{opt}}|^2}{(1 - |\Gamma_S|^2)|1 - \Gamma_{\text{opt}}|^2} \tag{4-65}$$

式中，F 为器件的噪声系数；$F_{\min}$ 是器件的最小噪声系数；R_n 为等效噪声电阻；Γ_{opt} 为最佳源反射系数。由此可知，要使设计的放大器噪声系数最小，对放大器

输入端进行匹配时需按照最佳源阻抗来设计,而输出端对噪声影响较小,就可以采用共轭匹配的方式以获得较大的增益。

(4) 驻波比

低噪声放大器的输入和输出驻波比表征的是输入回路和输出回路的匹配情况。因为低噪声放大器的输入端进行匹配时一般按照最佳源阻抗来设计,输入匹配网络会存在失配,因此输入端的驻波比不是很高。而输出匹配网络通常是为了获得最大功率采用共轭匹配的方式进行设计,所以输出端具有较低的驻波比。

反射损耗指的是反射功率与入射功率的比值,常用 dB 做为单位,反射损耗 ρ_a 与反射系数 Γ 和驻波比 ρ 的关系为

$$\rho_a = 20\lg|\Gamma| = 20\lg\left(\frac{\rho-1}{\rho+1}\right) \tag{4-66}$$

输入驻波比计算公式为

$$\mathrm{VSWR_{in}} = \frac{1+|\Gamma_a|}{1-|\Gamma_a|} \tag{4-67}$$

$$|\Gamma_a| = \sqrt{1 - \frac{(1-|\Gamma_S|^2)(1-|\Gamma_{in}|^2)}{|1-\Gamma_{in}\Gamma_S|^2}} = \left|\frac{\Gamma_{in}-\Gamma_S^*}{1-\Gamma_{in}\Gamma_S}\right| \tag{4-68}$$

输出驻波比计算公式为

$$\mathrm{VSWR_{out}} = \frac{1+|\Gamma_b|}{1-|\Gamma_b|} \tag{4-69}$$

其中

$$|\Gamma_b| = \sqrt{1 - \frac{(1-|\Gamma_L|^2)(1-|\Gamma_{out}|^2)}{|1-\Gamma_L\Gamma_{out}|^2}} = \left|\frac{\Gamma_{out}-\Gamma_L^*}{1-\Gamma_{out}\Gamma_L}\right| \tag{4-70}$$

(5) 动态范围

动态范围指的是低噪声放大器允许的输入信号的最小功率和最大功率的

范围,也被叫为赝空动态范围(Spurious-Free Dynamic Range,SFDR),低噪声放大器的动态范围的下限也就是允许输入的最小功率由低噪声放大器的噪声底限所限制,当输入信号的功率小于低噪声放大器的噪声底限时,输入信号就会被淹没在噪声里无法提取。当低噪声放大器的噪声底限确定时,低噪声放大器允许输入信号的最小功率是

$$P_{\min} = NF(kT_0 \Delta f)M \tag{4-71}$$

式中,NF 为低噪声放大器的噪声系数;Δf 为低噪声放大器的工作频带宽度;M 为微波系统中允许的信噪比;T_0 为环境温度,为 293 K。

由式(4-71)可知低噪声放大器动态范围的下限基本上取决于低噪声放大器噪声系数,同时也跟整个系统的状态有关。而低噪声放大器动态范围的上限主要由非线性指标来表征。动态范围上限值一般取决于放大器末级电路的功率容量。

(6) 放大器的稳定性

放大器的稳定性表征其阻止任何振荡的能力,可以通过 S 参数、输入输出匹配和终端条件进行计算。我们还是采用二端口网络来进行分析,如图 4-24 所示。

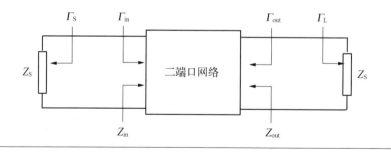

图 4-24
分析稳定性的二端口网络框图

在设计放大器时,如果 $|\Gamma_{in}| > 1$ 或者 $|\Gamma_{out}| > 1$,就会产生振荡,用 S 参数表示就是 $|S_{11}| > 1$ 或者 $|S_{22}| > 1$。因此,为了得到最佳性能,放大器必须对任何振荡都不敏感,这种情况即为无条件稳定,意味着放大器在任何负载阻抗或者源阻抗值下都不会产生振荡。用公式表示为

$$|\Gamma_{\mathrm{S}}| > 1 \qquad (4-72)$$

$$|\Gamma_{\mathrm{L}}| > 1 \qquad (4-73)$$

$$|\Gamma_{\mathrm{in}}| = S_{11} < 1 \qquad (4-74)$$

$$|\Gamma_{\mathrm{out}}| = S_{22} < 1 \qquad (4-75)$$

另一种常用的描述稳定性的指标为 K 因子,又叫稳定性因子。K 因子等于 1,为无条件稳定的边界条件。如果 $0 < K < 1$,说明放大器的稳定是有条件的,或者说是非稳定的,在某些条件和频点下会产生振荡,严重时会引起放大器自激,从而烧毁器件。K 因子可以表示为

$$K = \frac{1 - |S_{11}|^2 - |S_{22}|^2 + |\Delta|^2}{2|S_{12}S_{21}|} > 1 \qquad (4-76)$$

$$|\Delta| = |S_{11}S_{22} - S_{12}S_{21}| < 1 \qquad (4-77)$$

4.2.2 低噪声放大器电路设计

1. InP HEMT 晶体管建模

(1) 晶体管小信号等效模型及参数提取

采用半分析法模型参数提取技术,建立太赫兹频段 InP HEMT 晶体管的小信号等效电路模型,从而用于太赫兹低噪声放大器的设计。半分析方法的基本原理是仅仅将寄生元件当作未知变量进行优化,而本征元件则由器件的 S 参数消除寄生元件得到。

① 半分析法建立太赫兹频段 InP HEMT 晶体管的小信号等效电路模型

图 4-25 是典型的 HEMT 晶体管小信号等效电路模型,图中 $g_{\mathrm{d}}(\omega)$ 为输出电导;C_{ds} 为源漏电容。应用于太赫兹频段 InP HEMT 晶体管在制造工艺以及晶体管内部的栅极、源极、漏极形成结构与传统低频微波、毫米波频段不同。建立太赫兹频段 InP HEMT 晶体管的小信号等效电路模型,不能再套用经典 HEMT 晶体管模型,需结合太赫兹频段 InP HEMT 晶体管制造工艺及管子内

部结构,建立新的等效电路模型。在建立新的等效电路模型中,采用半分析方法建立管芯的模型,同时也可以验证等效电路模型的准确性。

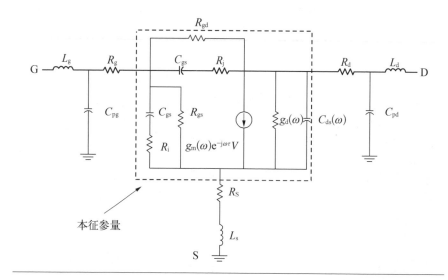

图 4 - 25
典型的 HEMT
晶体管小信号
等效电路模型

采用半分析法建立太赫兹频段 HEMT 晶体管小信号电路模型按照以下几个步骤进行。

（a）建立新的等效电路模型 model_0。

（b）根据新的电路模型,设计寄生参数提取电路,提取寄生元件参数,并作为计算本征元件的初值。

（c）计算本征元件,把本征元件当作寄生元件的函数（优化的时候寄生元件值设定在一个小的范围内进行优化）。

（d）以误差标准进行电路优化,当满足误差标准后,迭代结束。若多次无法达到误差标准,则需继续改进电路模型（注：误差标准包括表征参数随频率变化的平坦度,表征与测量 S 参数的误差）。

② 小信号等效电路模型参数和器件栅宽的比例关系

利用小信号等效电路模型参数和器件栅宽的比例关系,快速得到在相同工艺条件下不同尺寸场效应器件等效电路模型参数,有利于节约时间和降低成本。

通过半分析法建立太赫兹频段 HEMT 晶体管小信号电路模型,并研究小信号等效电路模型参数和器件栅宽的比例关系,便于指导不同栅宽晶体管电路设计。

(2) 晶体管噪声系数及参数提取

对于噪声放大器设计,根据级联放大器噪声系数理论,第一级放大器对整体的噪声系数贡献最大,为了获得最小噪声系数,第一级放大器的输入采用最佳源导纳来进行匹配电路,因此如果能够得到放大器的最佳源导纳即可进行最小噪声系数的低噪声放大器设计。

从等效电路设计的分析方式来看,可以将场效应晶体管看成一个有噪二端口网络的黑盒子,通过外部提取的方式,如果能得到有噪二端口网络的最小噪声源导纳,即可实现最小噪声的低噪声放大器设计。一个线性有噪二端口网络的噪声系数 F 可以通过 4 个噪声参数(最小噪声系数 F_{min}、最小噪声电阻 R_n、最佳源电导 g_{opt} 和源电纳 B_{opt})来确定其噪声系数 F。它们之间的关系可由式(4-78)表示

$$F = F_{min} + \frac{R_n}{g_s} \left[(g_s - g_{opt})^2 + (B_s - B_{opt})^2 \right] \qquad (4-78)$$

式中,g_s、B_s 分别为信源电导和电纳。

式(4-78)中,要确定 4 个噪声系数,那么至少需要 4 个不同阻值的源阻抗,为了提高噪声参数的精度,一般情况下需要 7 个甚至更多数目的源阻抗,通过数值计算优化迭代来确定 4 个噪声参数。传统场效应晶体管器件噪声系数确定是通过基于调谐原理的噪声测试系统来完成,即在噪声源与待测器件直接加上一个调谐器来改变源的 g_s 和 B_s,得到多组数据方程从而确定 4 个噪声参数。调谐器的价格昂贵且需要多组源阻抗点进行优化。新型的 50 Ω 噪声测试系统的噪声提取方法,不需要阻抗调谐器且只需提取少量的寄生元件,即可提取 4 个噪声参数,使噪声参数提取更加有效和简单。根据 HEMT 器件的本征等效电路模型,表征器件噪声系数的 4 个噪声参数可以如下表示

$$F_{\min}^{\text{INT}} = 1 + K_1 \omega$$

$$G_{\text{opt}}^{\text{INT}} = K_2 \omega$$

$$B_{\text{opt}}^{\text{INT}} = K_3 \omega \qquad (4-79)$$

$$R_{\text{n}}^{\text{INT}} = K_4$$

式中，$F_{\min}^{\text{INT}}$、$G_{\text{opt}}^{\text{INT}}$、$B_{\text{opt}}^{\text{INT}}$、$R_{\text{n}}^{\text{INT}}$ 为噪声参数；K_1、K_2、K_3、K_4 为拟合因子；ω 为角频率。等效噪声阻抗 $R_{\text{n}}^{\text{INT}}$ 与频率无关，$G_{\text{opt}}^{\text{INT}}$、$B_{\text{opt}}^{\text{INT}}$ 是频率的线性函数，$F_{\min}^{\text{INT}}$ 是频率的一次函数。通过测定不同频率下，器件的噪声系数的几组数据，优化拟合因子 K_1、K_2、K_3 及 K_4，即可得到晶体管在低频下的噪声系数与噪声参数的表达式。进一步优化拟合因子，通过外推的方法可以获得晶体管在太赫兹频段下的噪声系数与最佳源导纳关系式。

基于 50 Ω 噪声测试系统的噪声参数提取方法，大致实现步骤如下。

（a）测量器件的 S 参数，通过 Y 参数、Z 参数的变换得到寄生元件（C_{pg}、C_{pd}、C_{pdg}、L_{g}、L_{d}、L_{s} 和 R_{d}）。

（b）通过 Y 因子冷热法测定晶体管的噪声系数。

（c）设置拟合因子的初始值。

（d）将本征噪声矩阵转换为阻抗噪声相关矩阵，加入寄生电感（L_{g}、L_{d} 和 L_{s}）、漏极电阻 R_{d} 的影响。

（e）将阻抗噪声相关矩阵转换为导纳噪声相关矩阵，加入 PAD 电容（C_{pg}、C_{pd} 和 C_{pdg}）的影响。

（f）将导纳噪声相关矩阵转换为级联噪声相关矩阵，计算被测晶体管的噪声系数。计算过程中通过优化拟合因子外推计算太赫兹频段下晶体管的噪声系数 F_{THz}。

（g）将 N 个频率点下测量的噪声系数 F_{meas} 与模拟频点下的噪声系数 F_{THz} 进行误差校准，当收敛达到可接受的精度范围内，得到噪声系数 F_{THz} 与最佳源导纳的关系。得到的一定频率下的最佳源导纳即可用于最小噪声系数的 THz 频段低噪声放大器设计。

对于工作在太赫兹频段的场效应晶体管,首先需要测量 HEMT 晶体管的测量噪声系数 F_{meas} 作为误差校准标准。基于 50 Ω 噪声测试系统的噪声提取技术,可以方便快捷地确定 HEMT 晶体管的有噪二端口网络在低频段的噪声系数 F,通过外推的方式,进一步优化拟合因子可得到太赫兹频段晶体管二端口噪声系数方程 F_{THz},即噪声系数与最佳源导纳的关系。再将 F_{THz} 与测量的 F_{meas} 进行误差校准,优化拟合因子即可以得到 F_{THz} 与晶体管最小噪声最佳源导纳关系式,从而应用于 THz 频段低噪声放大器的设计。

2. 太赫兹低噪声放大器的设计

对于低噪声放大器设计,根据级联放大器噪声系数理论,第一级放大器对整体的噪声系数贡献最大,为了获得最小噪声系数,第一级放大器的输入采用最佳源导纳来进行匹配电路设计。从等效电路设计的分析方式来看,可以将场效应晶体管看作一个有噪二端口网络的黑盒子,我们通过外部提取的方式建立晶体管噪声系数(F_{THz})与有噪二端口网络的最小噪声源导纳(Y_{opt})关系,即可以按照最低噪声系数匹配设计第一级放大器的输入端,第一级放大器的输出端按共轭方式匹配下级放大器。后级电路根据提取的小信号等效电路模型采取共轭匹配的方式来设计后级匹配电路以提高低噪声放大器的整体增益。

为提高设计精度,太赫兹频段电路的设计采用电路仿真软件与三维电磁仿真软件相结合的方式来实现。对于无源电路部分的设计,在三维电磁仿真软件(HFSS)建立相应的电磁仿真模型,仿真的结果导出再加入电路仿真软件(ADS)中进行整体联合仿真。

以 300 GHz 低噪声放大器的设计为例,设计目标增益大于 10 dB,噪声系数小于 10 dB。参考国际上 50～70 nm 栅长的 InP HEMT 工艺水平,在 300 GHz 工作频段的一些参数:过渡结构(矩形波导转共面波导)插损为 1～2 dB,单级片上传输线损耗(1～2 dB)/stage,放大器单级增益为(4～5 dB)/stage,单级噪声系数约 5 dB。

根据太赫兹低噪声放大器的设计指标,至少需要 5 级放大的低噪声放大器才能满足最小增益大于 10 dB。单级噪声系数为 5 dB,扣除无源过渡结构带来的传输损耗 1~2 dB 和片上传输线损耗 1~2 dB,单级噪声系数不超过 9 dB。由于是 5 级放大,后级放大所贡献的噪声恶化较小。因此采用 5 级放大的低噪声放大器能够满足系统设计指标要求。整个片上电路结构如图 4-26 所示,分为 5 级放大,晶体管之间采用共面传输线设计匹配电路,低噪声放大器的输入输出采用共面波导-天线-矩形波导转换的方式,包括过渡电路的 5 级放大电路整体集成设计在 InP 衬底的基片上。

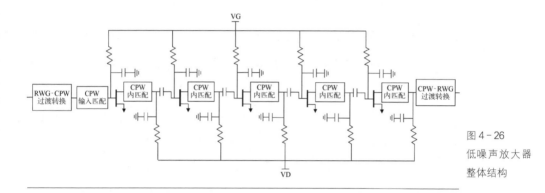

图 4-26
低噪声放大器
整体结构

根据国内已有的工艺,在 300 GHz 工作频段,为了抑制平面传输线的高次模,基片的介质厚度选用 50 μm。晶体管的栅极、漏极供电需加滤波电容,两级放大晶体管直接需加隔直电容,隔直电容和滤波电容通过在基片上构建 MIM (Metal-Insulator-Metal)结构来实现,另外基片上需集成设计薄膜电阻,薄膜电阻可用于放大器栅极,漏极供电电源的设计。

具体的设计过程与低频段放大器类似,此处不再赘述。

4.3　太赫兹固态功率放大器

首先简单介绍一下太赫兹功率放大器的进展情况。2007 年 Northrop Grumman 公司报道了工作频率为 330 GHz 的功率放大器[13],该放大器芯片的照片和功率特性曲线如图 4-27 所示,采用栅长小于 50 nm、f_T 为 450 GHz 的

InP HEMT 制作。在 V_{ds} 为 1.5 V、电流为 67 mA 时放大器的饱和输出功率为 2 mW(3 dBm),对应功率密度为 25 mW/mm,335 GHz 频率下峰值增益为 12 dB。该放大器是所报道的亚毫米波频率的第一个功率放大器。

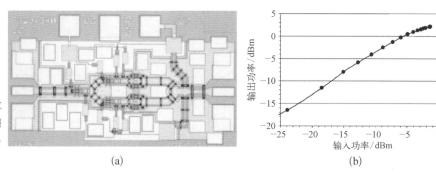

图 4-27 330 GHz 功率放大器(a) 芯片照片和(b) 功率特性曲线[13]

(a)   (b)

2010 年,该公司报道了工作频率为 340 GHz 的功率放大器[14],在 340 GHz 的小信号增益为 15 dB,338 GHz 时的峰值饱和输出功率为 10 mW。放大器采用的 InP HEMT 进行设计,栅长小于 50 nm,薄层电荷密度为 3.3×10^{12} cm^2,室温电子迁移率超过 15 000 cm^2/(V·s),击穿电压大于 2.5 V,f_T 为 500 GHz,f_{max} 达到 1.2 THz。图 4-28 为放大器的增益和功率特性测试曲线图。

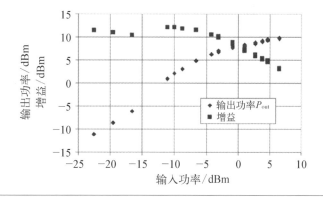

图 4-28 340 GHz 功率放大器的增益和功率特性测试曲线[14]

2011 年,该公司报道了工作频率为 0.65 THz 的功率放大器[15]。所用 InP HEMT 栅长为 30 nm,f_{max} 大于 1.2 THz,f_T 大于 0.6 THz。TMIC 放大器包含 8 级,其中前六级采用 20 μm 栅宽晶体管,而最后两个输出级依赖于两个功率合束的 20 μm 栅宽晶体管以增加输出功率。含有单个 TMIC 芯片的模块在 640 GHz 的峰值饱和输出功率为 1.7 mW,在 629～638 GHz 的小信号增益大于 10 dB,图 4 - 29 为放大器单芯片照片和功率特性测试曲线。为了增加输出功率,研究人员采用两个 TMIC 芯片进行功率合束的放大器模块,在 650 GHz 的峰值输出功率为 3 mW,测试的小信号增益在 625～640 GHz 超过 10 dB,如图 4 - 30 所示。

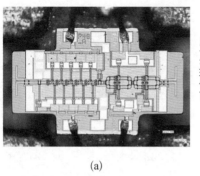
(a)

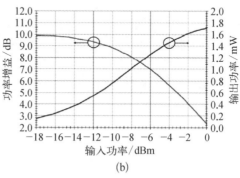
(b)

图 4 - 29 650 GHz 功率放大器的(a) 单芯片照片和 (b) 功率特性测试曲线[15]

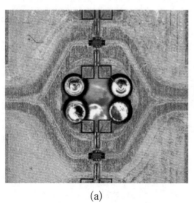
(a)

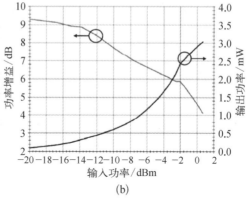
(b)

图 4 - 30 650 GHz 功率放大器双芯片模块的(a) 显微照片和(b) 功率特性测试曲线[15]

由于 InP HEMT 器件工作频率高,所以太赫兹放大器多采用 InP HEMT 进行设计和制作。虽然 InP HBT 具有更高的击穿电压,能获得更高的输出功率,但是由于其工作频率提高难度较大,基于 HBT 的太赫兹功率放大器一直以来发展缓慢,频段集中在 300 GHz 以下。直到最近几年,随着 InP HBT 材料和工艺的突破,其工作频率才进入太赫兹领域。

2013 年,Teledyne Scientific 公司报道了 600 GHz 的功率放大器[16],该放

大器采用 12 级 130 nm InP HBT 技术。图 4-31 为放大器单片照片,放大器在 500~620 GHz 的增益大于 20 dB,饱和输出功率达到 2.8 dBm@585 GHz。

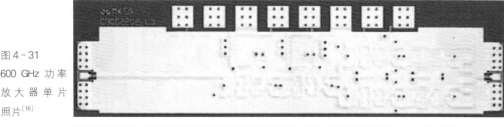

图 4-31
600 GHz 功率放大器单片照片[16]

2015 年,Northrop Grumman 公司采用衬底转移技术制作出两种基于 InP HBT 的太赫兹放大器单片(TMIC)[17]。放大器采用 200 nm 的 InP HBT,将 InP 衬底去除后转移到导热性更好的 SiC 衬底上。第一个放大器采用 9 级共射极方法,其小信号增益约为 9 dB@521 GHz;第二个放大器采用 5 级共基极方法,小信号增益约为 19 dB@576 dB。

同年,韩国的 Sogang University(西江大学)和 Korea University(高丽大学)以及美国的 Teledyne Scientific 公司联合报道了 290~307.5 GHz 的功率放大器单片[18],采用 250 nm 的 InP HBT 技术,在 300 GHz 的增益大于 15 dB,最大输出功率达到 13.5 dBm@301 GHz。

4.3.1　功率放大器特性

1. 输出功率

像噪声系数一样,最好的功率匹配并不能得到最好的增益匹配,考虑放大器输出功率时必然会影响增益。通常高功率器件的增益低于低功率器件的增益,而在宽带系统中要想得到较好的功率输出是很难实现宽带匹配的。功率放大器的输出功率可以采用 1 dB 压缩点输出功率($P_{1\,dB}$)或饱和输出功率(P_{sat})来表征。

(1) 1 dB 压缩点输出功率($P_{1\,dB}$)

当放大器的输入和输出信号对静态工作点影响不大时,输出的信号功率与输入的比值可以拟合为线性的函数。当输入继续增大到一定程度时,增益不再是一个常数值,此时负载上获得的信号增益值比之前状态下的低,输出与输入功率比超出这个取值范围,两者关系不再能拟合成线性函数。1 dB 压缩点输出功率表述为当负载上获得的功率值比之前线性增长的情况下低 1 dB 时的值,记为 $P_{1\,dB}$。

(2) 饱和输出功率

如果放大器的输入信号功率超过 1 dB 压缩点输出功率对应的值,继续增加,直到输出端的功率不再增加,此时放大器达到了其输出的极限,称为饱和输出功率,该指标反映了实际电路中的管芯或芯片的最大输出能力,记为 P_{sat}。在实际应用中,由于器件的增益并不是马上降到 0,而是增益值慢慢下降,直至十分微小,常常用饱和深度来描述这一现象。

2. 效率

效率用于评判直流功耗变为信号交流输出的利用情况,由于提高效率和避免线性失真两者难以两全,因而设置静态工作点时要根据芯片指标有所取舍。对于放大器而言,效率的表述方法有以下几种。

功率效率 η_d 是功率放大器的射频输出功率与供给晶体管的直流功率之比。表示了功率放大器把直流功率转换成射频功率的能力,定义为

$$\eta_d = \frac{P_{out}}{P_{DC}} \tag{4-80}$$

式中,P_{out} 为总射频输出功率;P_{DC} 为总直流功耗。

η_d 又称为漏极效率,取决于放大器的功率增益,这种定义并没有考虑晶体管的放大能力,即具有相同功率效率的两个晶体管的功率增益可以差别很大。通常,在设计功率放大器时,希望用功率增益高的功率晶体管。为此,又给出另一种定义——功率附加效率 η_{add},它既反映了直流功率转换成射频功率的能力,又反映了放大射频功率的能力。用功率附加效率 η_{add} 衡量功率放大器的功

率效率是比较合理的。最重要的是,漏极效率和功率附加效率使我们深入了解了功率增益对电路整体效率的影响。如果增益低,即使漏极效率高,功率附加效率也是低的。在这种情况下,设计人员应使用增益较高的晶体管以提高功放效率。

功率附加效率为

$$\eta_{add} = \frac{P_{out} - P_{in}}{P_{DC}} \qquad (4-81)$$

对于复杂调制方案的应用,平均效率是描述电路效率的最佳指标。对于峰值平均比高的信号,整体效率较低。如果 P_o 是放大器的总射频输出功率,P_{DC} 是放大器的总输入直流电功率,则放大器的平均效率 η_E 表示为

$$\eta_E = \frac{P_o}{P_{DC}} \qquad (4-82)$$

放大器的平均效率取决于峰值因子和峰值平均功率比,峰值因子 CF 定义为

$$CF = \frac{峰值振幅}{平均振幅} \qquad (4-83)$$

峰值与平均功率之比为

$$PAPR = \frac{峰值功率}{平均功率} \qquad (4-84)$$

例如,正交频分复用(Orthogonal Frequency Division Multiplexing, OFDM)信号显示峰值与平均功率的比率很高,说明放大器在远低于饱和功率水平下运行最频繁。这种情况,功率附加效率(PAE)是降低的。

3. 线性度

线性度是以牺牲效率为代价的。线性放大意味着在多音调工作中,在其输出频谱中没有寄生音调。失真的来源有多种,设计具有高杂散自由动态范围的

放大器具有挑战性。在本节中,介绍了表征功率放大器线性度的几个优点。

(1) IM_3 抑制

弱非线性系统的传递函数可以用简单的泰勒级数展开来近似。输出电压可表示为

$$V_{out} = a_1 V_{in} + a_2 V_{in}^2 + a_3 V_{in}^3 + a_4 V_{in}^4 + a_5 V_{in}^5 \cdots \quad (4-85)$$

当频率为 ω_1 和 ω_2 的两个带内正弦信号加到电路时,传递函数的奇数部分会产生寄生带内频率成分。三阶系数 a_3 在 $(2\omega_1 - \omega_2)$ 和 $(2\omega_2 - \omega_1)$ 处产生寄生频率成分。这些频率的失真称为 IM_3 失真。五阶系数还会在 $(3\omega_1 - 2\omega_2)$,$(3\omega_2 - 2\omega_1)$,$(2\omega_1 - \omega_2)$ 和 $(2\omega_2 - \omega_1)$ 处产生带内互调失真(IMD)。$(3\omega_1 - 2\omega_2)$ 和 $(3\omega_2 - 2\omega_1)$ 处的失真称为 IM_5 失真。类似地,IM_7 由七阶系数产生。因为这些频率是带内的,所以它们不能通过滤波去除。利用输出调谐网络进行滤波,可以去除非线性项产生的谐波频率成分。基频功率与 IM_3 杂散频率功率之比被称为 IM_3 抑制。

$$IM_3 \text{ 抑制} = 10\lg\left[\frac{\text{基频功率}}{(2\omega_1 - \omega_2) \text{和} (2\omega_2 - \omega_1) \text{的功率}}\right] \quad (4-86)$$

对于传输函数可以由不依赖于输出功率而保持不变的多项式表示的系统,互调失真相对于输出功率的斜率为 3∶1。然而,许多传递函数不是无限可微的,并且不能用简单的泰勒级数展开来准确表示。除此之外,五阶和七阶系数还会在 $(2\omega_1 - \omega_2)$ 和 $(2\omega_2 - \omega_1)$ 处产生失真,其幅度与输入信号幅度的五次和七次方成正比。这导致与 3∶1 斜率的明显偏差。

(2) 相邻信道功率比(Adjacent Channel Power Ratio,ACPR)

双音分析给出了放大器线性度的第一种理解。对于复杂的调制方案,双音分析可能不够。ACPR 考虑了几个带内频率的相互混合,从而产生了相邻信道杂散频率成分。ACPR 被定义为信号频段功率与相邻频道功率的比值。ACPR 可表示为

$$\text{ACPR} = 10\lg\left(\frac{B_1 \text{ 处的功率}}{B_2 \text{、} B_3 \text{ 处的功率}}\right) \qquad (4-87)$$

4.3.2 功率放大器电路设计

太赫兹频段的功率放大器在宽带通信系统、大气传感和雷达等领域都有应用。该频段放大器的成功实现需要宽带的晶体管。由于 InP 材料体系的高电子饱和速度(3×10^7 cm/s)和高电子迁移率,通过对器件的深亚微米等比例缩小,可产生太赫兹频段高,可使用增益的宽带晶体管。

由于较低的击穿电压和较高的热电阻,单异质结双极晶体管(Single Heterojunction Bipdar Transistor,SHBT)的功率密度较低,因此功率放大器的制作多采用 DHBT。在功率放大器的设计中多采用共基极的拓扑结构,因为与共射极和共集电极拓扑结构相比,共基极拓扑结构在太赫兹频段的最高稳定增益(Maximum Stable Gain,MSG)更高。但是基导电感(L_b)和集电极到发射极的重叠电容(C_{ce})降低了共基极结构的增益。虽然这些寄生降低了共基极结构的 MSG,但在太赫兹频段,与共射极和共集电极结构相比,共基极结构仍然具有最大的增益。

对于具有幅度或者相位调制的通信系统来说,设计功率放大器时,同时兼顾高效率和高线性度是一个挑战。在早期的音频功率放大器中,一些高效放大的想法逐渐形成。不同种类的放大器设计方法发明出来,每种方法在效率和线性方面都有各自的优点。在设计射频功率放大器时,这些音频功率放大器方法中的大多数都可以借鉴。关键的区别在于在射频功率放大器设计中,高频寄生是必须仔细考虑的。如果射频功率放大器的功率增益很小,会降低其效率。电容非线性也会导致电路失真。输入匹配与大信号下输入复阻抗有关,而大信号输入时,其复阻抗随输入驱动的变化而变化。

1. 功率放大器分类

功率放大器的类别取决于偏置点和晶体管输出负载线。A 类功率放大器具有最大功率增益,高线性度,但 PAE 低。对于工作频率占晶体管 f_T 和 f_{max} 较大比例的功率放大器,考虑到功率增益,A 类可能是唯一的工作方式。

B 类功率放大器的栅极电压 V_{gs} 等于阈值电压。它们的功率增益比 A 类低约 6 dB。B 类功放的平均效率高于 A 类。A 类放大器的偏置使得漏电电流在信号摆幅上达到其最大值的 50%。AB 类放大器在漏极电流小于最大值的一半时偏置。

开关模式放大器采用晶体管作为电源开关。D 类、F 类和 E 类是开关模式放大器,它们在不同的谐波频率下对晶体管输出的调谐方式不同。这些放大器具有低增益,高 PAE 和非常严重的失真。

H 类和 G 类放大器使用 A 类或 B 类输入偏置,但输出偏置根据输入驱动进行调制,从而实现高 PAE 工作。对 H 类和 G 类放大器工作过程进行研究发现,这些拓扑结构在远低于 $f_T/10$ 的频率下表现出高 PAE 和高线性度。然而,在频率超过 $f_T/10$ 时,这些拓扑结构失真严重。

2. InP DHBT 模型

InP DHBT 模型是基于方程的物理模型,该模型使设计人员能够灵活地根据器件物理尺寸和工艺条件的变化来修改器件模型,可以调整模型参数以适应测得的直流特性和微波参数。

InP DHBT 晶体管的电流增益截止频率 f_T 表示为

$$\frac{1}{2\pi f_T} = \tau_b + \tau_c + \frac{1}{g_m}(C_{je} + C_{cb}) + (R_{ex} + R_c)C_{cb} \qquad (4-88)$$

式中,τ_b 为基极渡越时间;τ_c 为集电极渡越时间;C_{je} 为基极-发射极结的耗尽电容;R_{ex} 为发射极电阻;C_{cb} 为集电极-基极电容;R_c 为集电极通道电阻。τ_b 依赖于电子通过 p 型基极的扩散速度。复合或者梯度掺杂引起的基极静电场极大地降低了基极的渡越时间。电子从基极进入,通过集电极空间电荷区,引起了集电极端的位移电流,该电流的平均延迟决定了集电极的渡越时间。集电极的渡越时间 τ_c 可表示为

$$\tau_c = \frac{T_c}{2\,v_{eff}}$$
(4-89)

式中，T_c 为集电极厚度；v_{eff} 为集电极有效速度。集电极渡越时间与集电极厚度成正比。同时集电极厚度对集电极电容也起着重要影响。

发射极电阻 R_{ex} 表示为

$$R_{ex} = \frac{\rho_c}{A_E}$$
(4-90)

式中，ρ_c 为发射极接触电阻率；A_E 为发射极面积。为了降低接触电阻率，发射极的金属接触层一般采用低带隙的 InGaAs 层。

功率增益截止频率 f_{max} 表示为

$$f_{max} = \sqrt{\frac{f_T}{8\pi R_{bb}\,C_{cbi}}}$$
(4-91)

式中，R_{bb} 为基极电阻；C_{cbi} 为集电极-基极结的耗尽区电容。R_{bb} 包括三个部分的电阻：基极接触电阻、基极间隙（gap）电阻和基极扩展电阻，如式（4-92）所示。

$$R_{bb} = \frac{\sqrt{\rho_c\,\rho_s}}{2L} + \frac{W_{gap}\,\rho_s}{12L} + \frac{W_E\rho_s}{12L}$$
(4-92)

式中，ρ_c 为基极接触电阻率；ρ_s 为基极薄层电阻（表面电阻）；W_E 为发射极接触宽度；W_{gap} 为发射极与基极的间隙宽度；L 为基极长度。对于采用自对准工艺的基极接触来说，W_{gap} 等于发射极在湿法腐蚀过程中的侧向腐蚀距离。

集电极-基极电容 C_{cb} 表示为

$$C_{cb} = \frac{\varepsilon\,W_{mesa}}{T_c}(L_e + 2\,L_{end}) + C_{cbpad}$$
(4-93)

式中，W_{mesa} 为基极台面宽度；T_c 为集电极厚度 ε 为台面的介电常数；L_e 为发射极长度；L_{end} 为发射极边缘到基极的长度；C_{cbpad} 为集电极与基极金属 pad 电容。

在集电极湿法腐蚀过程中,基极下面的半导体被严重的侧向腐蚀以尽可能地降低 C_{cb}。

集电极通道电阻 R_c 表示为

$$R_c = \frac{\sqrt{\rho_c \rho_s}}{2L} + \frac{W_{bc,gap} \rho_s}{2L} + \frac{W_{mesa} \rho_s}{12L} \qquad (4-94)$$

式中,ρ_c 为集电极接触电阻率;ρ_s 为集电极薄层电阻(表面电阻);W_{mesa} 为基极台面宽度;$W_{bc,gap}$ 为基极与集电极的间隙宽度。晶体管模型如图 4-32 所示[19]。

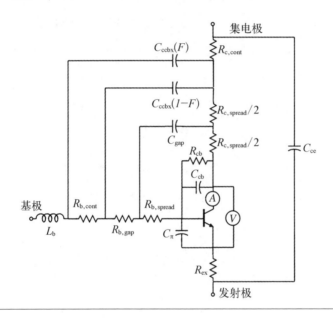

图 4-32
InP DHBT 模型[19]

3. 功率放大器设计需注意的问题

在太赫兹频段,放大器的工作频率一般占晶体管截止频率(f_T,f_{max})比例较大,需要选择具有 MSG 的晶体管拓扑结构。由于输出是在大信号下进行匹配,功率放大器具有比 MSG 更小的增益。共基拓扑比共发射极和共集极配置具有更高的 MSG,同时,较高的共基极击穿电压通常大于共发射极击穿,从而提高功率密度。集成电路分布寄生参数包括集电极到发射极的重叠电容(C_{ce})和基极引线电感(L_b)会增加放大器的反向传输,并显著降低共基极配置的

MSG。如果这些分布寄生参数没有进行正确建模，则可能增加放大器的不稳定性。

HBT 放大器的功率密度取决于输出负载线，此负载线应位于 HBT 安全工作区域(SOA)内，以避免器件损坏，InP HBT 的安全工作区域取决于器件热效应和集电极-基极结的击穿。此外，如果要保持高带宽，器件必须偏置在柯克(Kirk)效应电流以下。

（1）Kirk 电路限制

在 DHBT 中，集电极掺杂密度 N_D 应使得集电极在零集电极电流下完全耗尽。在低电流密度下，$J_c < qv_{eff}N_D$，注入的电子以饱和速度 v_{sat} 传输到 n+ 子集电极。随着电流密度 J_c 的增加，n-耗尽区中的注入电子密度[$J_c/(qv_{eff})$]可以超过电离掺杂剂的电子密度，反转该区域电场(e)变化率的符号。柯克效应定义为电场接近基极-集电极结的电流低于阈值以维持电子饱和速度的电流。集电极电流密度的进一步增加将通过基极推出或通过导电屏障形成来降低器件带宽。这增加了结点附近的电子密度(Q_e)。如果电流进一步增加，则迟滞电子 Q_e 将会使集电极-基极结附近的电场逆转，从而在导带中形成势垒。

当在 DHBT 中接近 Kirk 效应时，由于有效电子速度减小，集电极通过时间 τ_c 增加。Kirk 阈值电流密度 J_{Kirk} 由式(4-95)给出

$$J_{Kirk} = \frac{2\varepsilon\, v_{eff}(V_{cbmin} + 2\varphi + V_{ce})}{T_c^2} \qquad (4-95)$$

式中，V_{cbmin} 为在集电极电流密度为零时完全消耗集电极所需的最小集电极-基极电压；φ 为基极半导体带隙；V_{ce} 为集电极-发射极电压；ε 为台面的介电常数。如式(4-89)，晶体管的最大偏置电流由 Kirk 阈值决定，与集电极厚度的平方成反比，击穿电压与集电极的厚度成正比，因此，HBT 的功率密度与集电极厚度成反比。在恒定的光刻尺寸下，降低集电极厚度以牺牲 f_{max} 为代价提高功率密度。对于给定的输出功率，改进的功率密度会导致集电极尺寸减小。集电极尺寸减小会降低 L_b，并改善电气和热稳定性。如果通过横向

尺寸缩放来改进器件 f_{max}，则使用更薄的集电器对获得功率放大器优越的热、电特性是有利的。

（2）热限制和击穿电压

对于集电极厚度为 210 nm 的 InP DHBT，共基击穿电压(V_{br})>7 V。通过确定晶体管的故障偏置点来实验性地确定热极限。基于这三个限制来确定有效的安全操作区域，负载线应在非破坏性功率放大器工作的安全工作区域内。

（3）调谐放大器设计

图 4-33 显示了一个单级放大器电路原理图。并联电容器是 SiNx MIM 电容器或 CPW 开路短截线。多节输入匹配网络用于增加调谐放大器的带宽。输出大信号匹配决定了放大器的整体带宽。两级放大器(图 4-34)通过串联两个相同的单级设计形成。第一级输出与第二级输入大信号匹配，避免了第一级过早的功率增益压缩。由于两个相同的级被级联，它们具有相似的特性，

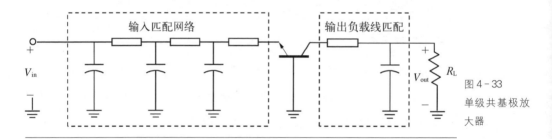

图 4-33
单级共基极放大器

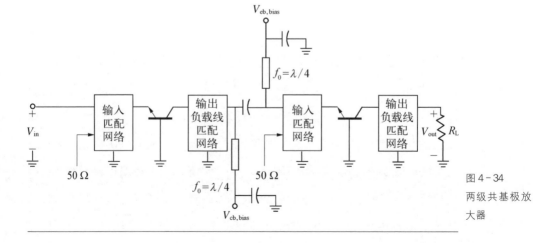

图 4-34
两级共基极放大器

从而导致高带宽。这两级都是单独稳定的，从而使整体稳定性分析更简单。

（4）电磁动量模拟

共面波导传输线、SiN_x 电容器和 NiCr 电阻器组成了放大器输入匹配和输出负载线匹配网络中的调谐元件。对 CPW 传输线进行 ADS 动量模拟以获得其 S 参数，这些 S 参数包然后用于整个放大器模拟。还使用 ADS 动量模拟 NiCr 电阻的物理结构，以便其电磁寄生参数包含在电路设计中，SiN_x 电容器类似于 ADS 动量模型。

参考文献

[1] Albrecht J D. THz electronics：transistors，TMICs，and high power amplifiers ［C］//Proceedings of the Compound Semiconductor MANTECH Conference. 2011，23 - 28.

[2] Lai R，Mei X B，Deal W R，et al. Sub 50 nm InP HEMT device with Fmax greater than 1 THz［C］//2007 IEEE International Electron Devices Meeting. IEEE，2007，609 - 611.

[3] Deal W，Mei X B，Leong K M K H，et al. THz monolithic integrated circuits using InP high electron mobility transistors[J]. IEEE Transactions on Terahertz Science and Technology，2011，1(1)：25 - 32.

[4] Kim D H，Alamo J A D，Chen P，et al. 50 - nm E-mode $In_{0.7}Ga_{0.3}$ As PHEMTs on 100 - mm InP substrate with fmax ＞ 1 THz［C］//2010 International Electron Devices Meeting，2010，30.6.1 - 30.6.4.

[5] Mei X B，Radisic V，Deal W，et al. Sub - 50 nm InGaAs/InAlAs/InP HEMT for sub-millimeter wave power amplifier applications［C］//2010 22nd International Conference on Indium Phosphide and Related Materials，2010：5516192.

[6] Deal W R，Mei X B，Radisic V，et al. Demonstration of a 0.48 THz amplifier module using InP HEMT transistors［J］. IEEE Microwave and Wireless Components Letters，2010，20(5)：289 - 291.

[7] Deal W R，Leong K，Radisic V，et al. Low noise amplification at 0.67 THz using 30 nm InP HEMTs[J]. IEEE Microwave and Wireless Components Letters，2011，21(7)：368 - 370.

[8] Mei X，Yoshida，Wayne，Lange，Mike，et al. First demonstration of amplification at 1 THz using 25 - nm InP high electron mobility transistor process

[J]. IEEE Electron Device Letters, 2015, 36(4): 327 – 329.

[9] Dambrine G, Cappy A, Heliodore F, et al. A new method for determining the FET small-signal equivalent circuit[J]. IEEE Transactions on Microwave Theory and Techniques, 1988, 36(7): 1151 – 1159.

[10] Gummel H K, Poon H C. An integral charge control model of bipolar transistors [J]. Bell System Technical Journal, 1970, 49(5): 827 – 852.

[11] Kurishima, K. An analytic expression of f_{max} for HBT's[J]. IEEE Transactions on Electron Devices, 1996, 43(12): 2074 – 2079.

[12] Deal W R, Leong K, Mei X B, et al. Scaling of InP HEMT cascode integrated circuits to THz frequencies[C]//Compound Semiconductor Integrated Circuit Symposium. IEEE, 2010: 5619646.

[13] Deal W R, Mei X B, Radisic V, et al. Development of sub-millimeter-wave power amplifiers[J]. IEEE T. Microw. Theory, 2007, 55(12): 2719 – 2726.

[14] Radisic V, Deal W R, Leong K M K H, et al. A 10 – mW Submillimeter-wave solid-state power-amplifier module[J]. IEEE Transactions on Microwave Theory and Techniques, 2010, 58(7): 1903 – 1909.

[15] Radisic V, Leong K M K H, Mei X, et al. Power amplification at 0.65 THz using InP HEMTs[J]. IEEE Transactions on Microwave Theory and Techniques, 2012, 60(3): 724 – 729.

[16] Seo M, Urteaga M, Hacker J, et al. A 600 GHz InP HBT amplifier using cross-coupled feedback stabilization and dual-differential power combining[C]//IEEE MTT – S International Symposium Microwave, 2013, 1 – 3.

[17] Radisic V, Scott D W, Monier C, et al. InP HBT transferred substrate amplifiers operating to 600 GHz[C]//Microwave Symposium. 2015: 7166750.

[18] Jungsik K, Sanggeun J, Moonil K, et al. H-Band power amplifier integrated circuits using 250 – nm InP HBT technology[J]. IEEE Transactions on Terahertz Science and Technology, 2015, 5(2): 215 – 222.

[19] Paidi V K. MMIC power amplifiers in GaN HEMT and InP HBT technologies [M]. Santa Barbara: University of California, 2004.

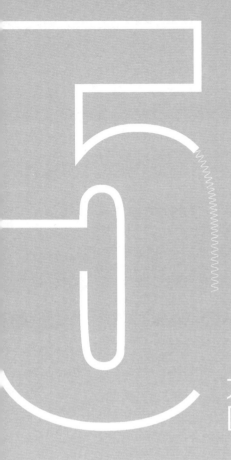

5

太赫兹
固态电子测试技术

一直以来,获得太赫兹频段精确的测试数据都是一项困难的工作,复杂的仪器设备和精心的校准过程是必不可少的[1]。测试数据是对太赫兹器件进行分析和建模的重要基础,所以精确的测试数据是非常重要的。

传统观点认为,有意义的模型能够准确预测测试数据的发展走向。一般情况下,通过脉冲直流测试系统和 S 参数测试系统的测试结果可以描述器件的动态散射现象[2]。用于器件建模的测试常规步骤包括两步:第一步,通过矢量网络分析仪测试小信号 S 参数(散射参数);第二步,通过机械和电学 Load-Pull 测试系统,绘制器件随阻抗变化的小信号(比如噪声参数)和大信号(比如功率,线性度等)数据图。

本章着重描述在测试环境中的常规问题,包括在建模过程中对于夹具的描述和确认过程。另外,我们在介绍去嵌入过程时,也会介绍测试过程中的不同校准方法。随后,介绍 Load-Pull 测试系统。测试技术将围绕应用的有效性进行介绍,基于器件建模、参数提取、模型确认的实际需要展开测试。最后阐述了模块测试的方法。

5.1 太赫兹固态电子器件直流测试

二极管和三极管最基本的测试就是直流 I-V 特性测试。对于二极管器件来说,直流 I-V 测试可以得到二极管的导通电压和导通电阻 R_s。如图 5-1 所示。

图 5-1 中的直流 I-V 测试曲线的电流坐标轴以对数形式表示,通过测试数据反推可以得到导通电压,理想曲线和测试曲线的电压差值除以电流值可以得到导通电阻 R_s。

对于三极管器件来说,直流测试就是得到漏极终端电流随栅电压的变化曲线,I_d-V_d 的特性对于三极管的模型建立是非常重要的。器件的主要的非线性特性都存在于 I-V 特性曲线中,所以 I-V 测试是器件大信号建模的重要

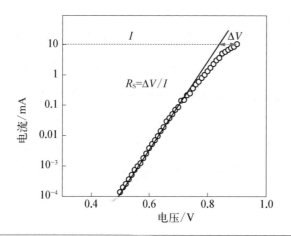

图 5 - 1
二极管直流 I -
V 测试曲线

基础。

在实际测试中经常采用连续波 I - V 测试,尤其是在小栅宽的三极管。连续波直流测试仅仅需要简单的测试设备,测试方便,数据扫描速度快。对于大栅宽的三极管的测试,漏电流经常超过 1 A,很难进行连续波直流测试,因为大电流会产生很大的热,这些热将对器件造成不可逆转的损伤。

对于非线性三极管模型,需要包括对器件的自热特性进行适当的描述,这就需要将电信号引起的温度的动态变化反映在模型参数当中。在模型参数提取过程中,温度模型参数可以通过不同的温度进行提取。

确定器件自热模型参数的方法是进行脉冲条件下的测试。通过连续波直流测试和脉冲直流测试的对比,就可以确定自热效应对器件特性的影响。连续波直流测试和脉冲直流测试的对比示意图如图 5 - 2 所示。

当测试器件的 I - V 特性时,脉冲测试中需要加窄脉宽和小的脉冲周期,这样就可以防止大栅宽器件测试时出现自热效应[3]。在连续波测试条件下,尽管可以通过收集非等温数据,再通过去嵌入去除自热效应的影响,但是脉冲测试可以更直接,并且避免了在去嵌入过程中引入的潜在误差,这些误差将直接影响器件模型中热阻参数的提取。

脉冲直流测试得到的数据有几个优势。对于三极管器件来说,第一个优

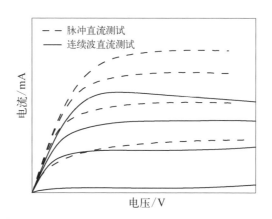

图 5－2
连续波直流测
试 和 脉 冲 直 流
测 试 对 比 示
意图

势是可以消除自热效应,获得准确的I-V特性测试结果。第二个明显的优势是扩大了安全测试范围。这样可以提高与大功率相关的I_d-V_d的测试范围,特别是在测试应用于功率放大器的三极管的时候。而用连续波进行这种大范围的I-V测试,会破坏被测试的三极管的直流特性,甚至给三极管带来不可逆转的损伤。

脉冲直流测试首先要确定最小脉宽,采样周期必须保证每一个采样点都是在等温状态下获得的测试数据。不出意外,连续波直流测试和脉冲直流测试得到的数据有明显的不同。通过分析这些不同,可以得到自热效应对器件的影响。

但是器件的热效应不是全部,低频散射和俘获也会对测试结果有影响。对于三极管,测试面临的另一个挑战就是这些器件将在I-V测试中遭受低频散射带来的影响。这样带来的变化就是,输出电导和跨导等器件参数都是随频率变化的函数。Ⅲ—Ⅳ化合物半导体场效应晶体管的I-V特性通常会受到表面缺陷或者是衬底和缓冲层中的杂质的影响。这些缺陷或者杂质只能以相对于工作在器件上的 RF 信号频率来说非常低的速率来俘获和释放电荷,但是可以对直流偏置电压的低速率变化进行响应。因此,器件在直流和射频状态下的I-V特性测试数据有很大差别。实际上,加上热耦合效应之后,器件的低频动态变化将变得非常复杂。运用脉冲I-V测试获得三极管漏极电流非线性特性的方法最初是由 Platzker 提出的。高频漏极和源极有效电流的准确测试可以用直流脉冲测试方法解决，这些数据可以用于晶体管的准确的非线性建模。器件的低频动态模型对于功率放大器的设计和应用非常重要，这些将直接影响放大器的带宽。静态工作点的脉冲直流测试下的三极管表现出来了非常不同的低频动态特性，这些对于建立准确的器件模型非常有帮助。

5.1.1　连续直流测试

最根本的表征器件直流特性的仪器模型是器件的直流曲线追踪器。早期的直流曲线追踪器模型没有记录 I-V 特性的必备函数，所以对于数据收集工具来说，应用性受到了很大限制。直流曲线追踪器的主要优势在于它的多功能性以及测试表征器件特性的易用性。

现如今，直流参数分析仪是测试器件直流特性最常用的测试系统。现在大部分的直流参数分析仪都可以进行周期性自动校准，通过校准可以保证测试系统的准确性。这些校准是由直流参数分析仪的输出分离的 DUT 完成的，通过测试 DUT 合适的偏移电压和电流，然后与稳定的电压和电流的参考面进行比较，通过比较得出的结果对测试数据进行适当修正。这种自动校准不需要测试人员进行操作，只要按照直流测试设备的要求进行连接，测试结果就是已经校准过的精确值[7]。直流测试设备内建的自测试系统与设备的电压基准源组合在一起，电压基准源通常是电学和热学双稳定的集成电路芯片。首先要确定与夹具相关的测试参考面，实际测试时需要将器件与测试设备的直流偏置连接，这就需要偏置网络、电缆线、网络接头等元件。为了在器件测试终端有精确值，需要用电阻进行调节。我们将直流参考面定义在器件上，并将这一点校准为短路：在这个测试面上的电压和电流决定了电缆线和连接头的损耗。随后，决定的是器件的 I-V 特性。通过测试电流源并且知道了电阻损耗，电缆线端的电压就可以确定，因此器件端的电压就可以确定。直流参数分析仪的电压和电流的测试容量将根据器件的特性进行适当地调整，并且可以根据测试环境的变化调整至非常低的电流水平，可以测试到 nA 和 fA 的电流量级。

功率器件一般是大栅宽器件,工作点的输出电流很大,通常会超过直流参数分析仪的测试范围。在对大栅宽器件进行测试时,直流测试系统通常会装配适当的测试模块以及电压和电流的测试仪表。对于大电流的测试,通常需要置换成低阻抗的电流表,从而可以对电流进行准确的测试和计算。另外,为了避免器件测试过程中出现稳定性问题,经常需要安装振荡抑制元件,振荡抑制元件通常安装在源极和漏极电压偏置电路网络当中。

高精度的直流测试系统通常使用开尔文测试方法,这种方法可以避免测试系统中由于多个串联电阻或电极引入的误差。

5.1.2 脉冲直流测试

典型的脉冲直流测试系统,在大电压和大电流工作状态下,有能力在较低的循环周期内产生很短的电压脉冲(最短可以达到 ns 量级)。一些成熟的测试系统已经得到了商业应用[4],还有一些脉冲测试系统处于研发当中,并没有得到商业化应用。

在测试高压三极管器件时,为了避免自热效应给器件带来的影响,通常采用直流脉冲测试系统。最小的脉冲宽度需要设置在 1 μs 量级,最大的输入(栅极)脉冲电压需要设置在 20 V 左右,最大的输出(漏极)脉冲电压需要设置在100 V 左右,同时需要在整个 0.1%~1% 周期内提供 10 A 的电流。

典型的三极管器件的漏极脉冲测试如图 5-3 所示,栅极电压的脉冲范围被包含在漏极电压的脉冲范围之中,这样就使三极管处于零电流偏置状态下。也就是说,当漏极电压处于高电位的时候,栅极电压仍然是 0 V,这样就无法产生源漏电流,从而就减少了对器件的损伤和振荡。脉冲直流测试系统原理框图如图 5-4 所示。

如果用于测试 GaAs HEMT 等微波器件,最大工作电压需要适当降低,最大的输入脉冲电压设置在 5 V 左右即可,最大的输出脉冲电压设置在 10 V 左右即可,最大电流容量需要 1~2 A。为了确保能够避免所有的低频散射现象,

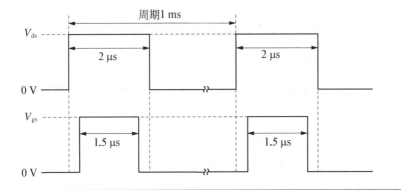

图 5-3
三极管器件的
漏极脉冲测试
示意图

周期1 ms

V_{ds}

2 μs   2 μs

0 V

V_{gs}

1.5 μs   1.5 μs

0 V

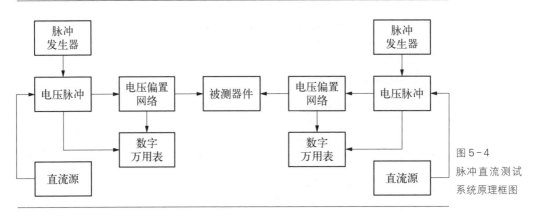

脉冲
发生器

电压脉冲

电压偏置
网络

被测器件

电压偏置
网络

电压脉冲

脉冲
发生器

数字
万用表

数字
万用表

直流源

直流源

图 5-4
脉冲直流测试
系统原理框图

需要降低最小脉冲宽度,设置在 200 ns 左右即可。可以根据被测器件的实际
情况灵活调整以上参数。

　　由于脉冲测试的目的就是消除器件的自热效应,因此必须合理选取器件
的零功率耗散偏置点。对于 GaAs FET 来说,由于存在离散特性,直流静态偏
置点的初值对于脉冲的源漏电流和栅漏电流均有明显的影响,因此需要重点
考虑并选取合理的初值[5]。

　　通过控制脉冲测试中器件的外围温度,可以使器件的自热效应忽略不计,
结温也可以得到有效控制,从而测试得到器件在一定温度条件下的特性。如
果是在在片测试系统当中进行测试,可以在脉冲测试时将托盘控制在等温条
件下。如果用夹具进行测试也可以进行类似的等温设置,可以对器件进行水
冷封装。或者在测试系统中加装冷却和加热系统。这样就可以测试得到器件

随温度变化的 $I-V$ 特性数据,对于器件的热模型的建立非常有帮助。

5.2 太赫兹固态电子器件微波测试

太赫兹固态电子器件射频测试中最重要的是小信号 S 参数测试。器件在一定带宽范围内的小信号 S 参数特性,反映了器件在该带宽内的应用能力,以及输入阻抗和输出阻抗等信息,对于器件的电路应用非常重要。小信号 S 参数是用矢量网络分析仪(Vector Network Analyzer,VNA)测试得到,是现在最常用的测试手段,广泛应用于对电路的线性特性和频率响应的表征和描述。小信号 S 参数是对器件进行线性和非线性建模的基础,这些器件和模型通常分为两大类:有源和无源。最基本的区别为有源器件的射频小信号特性与器件的直流偏置相关,直流特性和射频特性共同决定了器件的 S 参数[6],而无源器件的射频小信号特性与器件的直流偏置无关。器件的小信号等效电路模型的建立及参数提取都是基于器件的小信号 S 参数测试数据。小信号等效电路元件参数的提取可以通过 S 参数转化为 Y 参数和 Z 参数并通过一系列提取算法得到,因此小信号等效电路模型元件参数提取的精度依赖于 S 参数测试的精度,S 参数的测试对于小信号建模至关重要。

在实际应用中,三极管器件可看作是二端口网络,即源极接 0 电位,栅极是输入端,漏极是输出端。因此在测试和建模中将三极管器件当作二端口网络进行处理。本书中提到的 S 参数都是二端口网络 S 参数。

5.2.1 小信号 S 参数测试

1. 电子参考面

电子参考面对于小信号 S 参数测试非常重要,也是校准的重要依据[7]。当测试的电压和电流都是已知的精确值,电路中电子参考面的物理位置就可以精确定义。这个精确定义是通过校准实现的,校准是通过测试这些参考面的已知标准件实现的。已知标准件的参数可以通过物理或者机械结构确定,或者通过标准值等比例变化得到。所以已知标准件的参数值均可以进行标准物理量的溯源。校准的目的是通过测试已知标准件,得到已知标准件的实际测试值,并与已知标准件的参数值进行对比,确定 VNA 测试设备的系统误差项的数值,知道这些误差项的数值以后,就可以用 VNA 测试系统对未知器件进行测试,获得这些未知器件在电子参考面的精确 S 参数值。

在直流频段,测试系统通常自带校准。对于小信号 S 参数测试,尽管校准原理同直流测试相似,过程却要麻烦很多。VNA 的系统校准是测试得到准确 S 参数的先决条件。VNA 的校准的相关内容非常多,本书只是介绍梗概,主要是关注于校准技术在实际使用中的细节,尽量避免复杂的数学运算过程。

2. SOLT 校准

基本的 VNA 测试装置示意图如图 5 - 5 所示,VNA 采集输入端口 R、A 和 B 的信号,并通过复杂的运算确定 S 参数。这样的装置可以测试被测器件(DUT)的输入反射系数 $S_{11} = A/R$,以及 DUT 的正向传输系数 $S_{21} = B/R$。反向传输系数需要将 DUT 拿下来并反转 $180°$,这样就将 DUT 的端口进行了反转,然后进行正向测试。测试系统与 DUT 连接的物理位置以及标准件的位

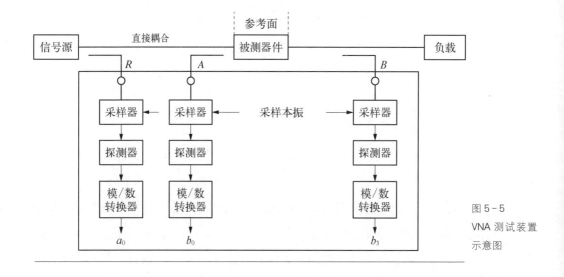

图 5 - 5
VNA 测试装置
示意图

置定义为参考面。这样的装置是典型的三通道 VNA。现在的 VNA 通过开关转换完成内部源位置的转换,但是三级采样系统这样简单的装置可以用来阐明 VNA 校准的基本原则。

在概念上,可以采用信号流图对 VNA 系统进行分析[8],信号流图的优点是可以调和器件连接,连接方向和损耗等方面的失配,并简化误差模型,便于更直观地分析。VNA 的信号流图如图 5-6 所示。

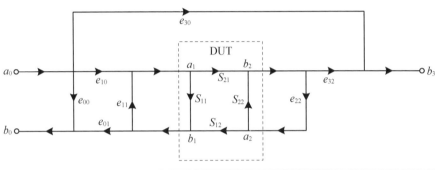

图 5-6
VNA 的信号流图

在信号流图中我们可以确定以下误差,这些误差和系统的反射、传输、干扰等相关。

(1) $e_{00} = e_D$,直接误差;

(2) $e_{10}e_{01} = e_R$,反射误差或追踪误差;

(3) $e_{11} = e_S$,源匹配误差;

(4) $e_{22} = e_L$,漏匹配误差;

(5) $e_{23} = e_T$,传输误差;

(6) $e_{30} = e_X$,干扰误差。

这是 VNA 测试系统 12 项误差模型的前项误差模型。校准就是通过将已知标准件作为 DUT 进行测试,确定误差项的数值。在每一个感兴趣的频率点都必须这样做。确定了误差向量之后,就可以将测试的 S 参数进行校准,从而确定 DUT 的真实的 S 参数。由于太赫兹频率很高,要求标准件的加工需要非常高的精度,压探针测试时需要非常高的一致性。所以太赫兹 S 参数测试标准件在制作时需有对位标记,对探针压在标准件上的位置以及滑行距离都作出明确的标记,保证每次测试的一致性。测试过多次的标准件有较多划痕就不能再作为测试标准使用,需要更换新的标准件。

考虑单端口测试状态下的反射误差项。反射误差收集进了一个假想的误差适配器,这个误差适配器是用于改善 DUT 的反射系数。可以通过这个完美的反射计测试得到修正以后的 DUT 的反射系数。三个有代表性的标准件分别是:短路标准件(Short,记为 S)、开路标准件(Open,记为 O)以及匹配负载标准件(Load,记为 L)。通过这三个标准件可实现 SOL 单端口校准算法。标准件测试校准过程的信号流图如图 5-7 所示,负载标准件的反射率为 0,短路标准件的反射率为 −1,开路标准件的反射率为 +1。

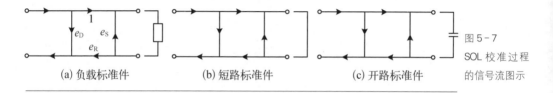

(a) 负载标准件　　　　　(b) 短路标准件　　　　　(c) 开路标准件

图 5-7
SOL 校准过程
的信号流图示

对于二端口 DUT,有输入参考面和输出参考面这两个参考面,在输入参考面和输出参考面与 DUT 连接。这里有 3 个误差项,将 DUT 分别置换为 3 个已知标准件,通过测试 3 个已知标准件,可以得到 3 个同时成立的方程式。通过求解方程式可以得到误差项 e_D、e_R、e_S。现在商用的 VNA 系统都可以完成以上的计算。

对于 50 GHz 以下的 S 参数测试,SOL 校准的精度已经能够满足测试要求,但是对于 100 GHz 以上频率的 S 参数测试,SOL 校准已经无法满足精度的要求。这是由于到了 100 GHz 以上,传输误差项的影响已经不可忽视。

传输误差项可以在 DUT 位置放置已知标准件测试并计算得到,最简单的标准件就是一段标准传输线。在通常的环境中可以将这段标准传输线的电长度视为 0。也就是说,将 DUT 的输入参考面和输出参考面连接在一起,并且将这两个参考面之间视为没有相位差。这段传输线称为直通连接标准件

(Through,记为 T)。知道了反射误差项,以及直通标准件的 S 参数,就可以确定负载匹配误差以及传输误差。最后,把两个参考面之间的任何物理连接都去掉进行测试,可以得到干扰误差项。在两端口放置匹配负载,可以有效得到误差项。为了得到二端口网络 S 参数,必须使用四通道 VNA。将标准件 S、O、L 连接在每个端口的参考面上,然后将两个参考面用 T 标准件连接。通过这 7 种连接方式求解 12 个误差项,这就是 SOLT 校准方法。

SOLT 校准方法的缺点就是对每一个标准件的精度要求非常高,要求能够对数值进行溯源。我们必须相信标准件的电学特性像定义的校准件一样。另一方面,如果用探针台对器件进行在片测试,就有两种标准件可供选择:一种是选用商用标准件,通常是阻抗标准件(Impedance Standard Substrate,ISS),ISS 包含了微带线类型和共面波导类型的所有校准标准,制作在厚的或者薄的绝缘衬底上;另一种标准件是在片标准件,就是直接制作在半导体晶圆的被测器件旁边。对于太赫兹 S 参数测试来说,使用商用标准件无法进行溯源,测试精度就受到了影响。在后面的内容中更多的将讨论在片标准件以及在片测试。

TRL 校准相较于 SOLT 校准,误差项更少,需要的标准件类型更少,同时对标准件的精度要求较低,非常有希望在太赫兹 S 参数测试中得到广泛应用。接下来介绍一下 TRL 校准方法。

3. TRL 校准

在用四通道 VNA 进行测试的实践过程中,可以给定一个基本假设:开关是理想的,并且在正向反向转换时不会改变端口的匹配。实际上,开关理想与否在数学上并不是一个重要的限制条件。也可以假设为交叉误差项可以忽略,或者是单独测试得到。基于以上基本假设,就可以将 12 项误差模型简化为 8 项误差模型[9],如图 5 - 8 所示。在 8 项误差模型中,DUT 的两侧只有两个 4 项误差适配网络和理想反射计。信号源在 a_0 和 a_3 之间通过开关通断,用于产生正向和反向 S 参数。

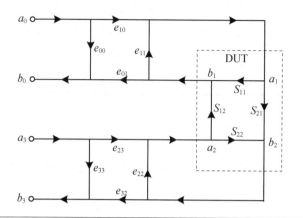

图 5-8
TRL 校准的误差模型信号流图示

减少误差项的关键是在于,将测试系统处理为两端口测试设备时,所有用于校准的标准件都不能牺牲精确度。从图 5-8 所示的系统信号流图可以看出,DUT 总是嵌在两个误差适配网络中间,因此 DUT 的测试值(以 T 参数矩阵 T_M 表示)和实际值(以 T 参数矩阵 T 表示)之间的关系可以用式(5-1)进行描述

$$T_M = \frac{1}{e_{10}e_{32}} \begin{bmatrix} -\Delta A & e_{00} \\ -e_{11} & 1 \end{bmatrix} T \begin{bmatrix} -\Delta B & e_{22} \\ -e_{33} & 1 \end{bmatrix} \qquad (5-1)$$

其中,

$$\Delta A = e_{00}e_{11} - e_{10}e_{01} \qquad (5-2)$$

$$\Delta B = e_{22}e_{33} - e_{32}e_{23} \qquad (5-3)$$

为了便于分析,采用 T 参数(传输参数)代替 S 参数。通过式(5-1)可以确定复数级联网络中的 7 个误差项:有 3 个误差项与一端口关联,分别是 ΔA、e_{00} 和 e_{11};有 3 个误差项与二端口关联,分别是 ΔB、e_{22} 和 e_{33};还有一个传输误差项——$e_{10}e_{32}$。也就是说,对测试系统进行校准就是计算这些误差项,而计算这些误差项只需要测试三种二端口标准件。通过对这三种标准进行测试,可以得到 12 个关系等式,从中可以解出上述 7 个误差项。这对于选择用于校准

的标准件提供了很大的自由度。

通过上述分析可以看出,只需要对三种标准的一种进行完全测试,通过测试得到的 4 组 S 参数就可以解出 7 个误差项中的 4 个。这个校准标准可以选用最简单的 0 电长度的直通标准件,只需要直接连接两个参考面即可。第二种校准标准是传输线,需要先知道传输线标准的电长度和特性阻抗,这样就可以解出另外两个误差项。传输线的电长度与传输线的物理长度相关,因此可以通过计算得到精确值。为了得到良好匹配,传输线的特性阻抗通常选用 50 Ω 阻抗。在这个校准过程中,传输线的特性阻抗就是校准的特性阻抗。最后一个校准标准是反射标准,可以选用开路标准或者短路标准。

对于上述校准,测试人员只需要知道反射标准的反射系数是否接近 +1 或者 -1。理想情况下,VNA 测试系统两端口的反射系数相同,在通常的校准过程中也是这么假设的,但是在数学分析上这种假设也不是必需的。反射标准件用于确定最后一个未知误差项。这种校准技术被称为直通-反射-带线校准,或者称为 TRL 校准。

相对于 SOLT 校准技术,TRL 校准技术需要更少的标准,并且对标准件的精度要求较低,不需要了解标准件的所有特性,因此得到了广泛应用[9]。在 S 参数测试实践中发现,TRL 校准技术的精度更高,残留误差更少。理想情况下,带线标准件的电长度在 90° 时的校准精度最高,但是实际上只要带线的电长度不接近半波长(0° 或者 180°)就都可以使用。将带线标准件的 S 参数值在 Smith 圆图中表示,相应位置就是单位圆。TRL 校准技术的局限性在于,在频率较低时需要制作很长的带线标准件,这样会浪费很多芯片面积,并且太长的带线也会给测试带来不便。因此在低频率 S 参数测试时,TRL 校准技术很少用到,但是对于在太赫兹频段的 S 参数测试,TRL 校准技术是很实用的。由于测试系统和标准件的局限,无法实现全频带 S 参数一次性测试,需要分段。测试频段的划分通常为:90～140 GHz、140～220 GHz、220～325 GHz 及 325～500 GHz,不同的频率需要设计并制作不同的标准件。

在实践中,测试通常将带线的电长度设置在 20°～160°。为了提高太赫兹频段的 S 参数校准精度,提出了使用不同电长度的带线作为测试标准的技术,即多线 TRL 校准技术,也称为 Multiline TRL 校准技术。通过测试不同电长度的标准件对误差项进行优化,可以得到更准确的结果。

4. 在片测试

太赫兹 S 参数测试的器件通常是晶圆级器件,为了提高精度,在校准上最好将标准件与器件制作在同一个晶圆片上。这样可以实现同衬底校准与测试,相较于使用商用标准件的精度更高[10]。

对于 TRL 校准,最后还需要把标准件制作在晶圆片上。尽管对于宽频带的校准,需要制作多种电长度的传输线用于适应不同的频带[11]。但是在太赫兹频段频率很高,标准件尺寸较小,不会占用晶圆更大的面积,对于半导体工艺流片的光刻对准也不会带来更大的难度。因此在晶圆片上制作 TRL 标准件,实现同衬底校准对于太赫兹频段是很实用的。

在砷化镓晶圆片上制作的用于 TRL 校准的微带线标准件如图 5-9 所示。微带线标准件的设计重点在于将地-信号-地(GSG)测试探针的共面波导(Coplanar Waveguide,CPW)电磁场转化为连接应用于电路中的三极管被测器件的微带线的电磁场。首先,将 GSG 探针连接端设计为 50 Ω 阻抗的 CPW 传输线结构,然后再转化为 50 Ω 阻抗的微带传输线。转换器采用对数结构,CPW采用通孔结构与背面金属连接。校准标准件的参考面位于微带线的尽头,同

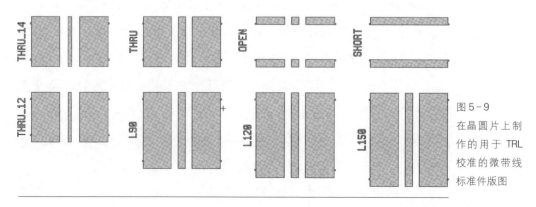

图 5-9
在晶圆片上制作的用于 TRL 校准的微带线标准件版图

时这也是我们放置被测器件之处。参考面的位置可以通过零电长度的直通标准件确定。直通标准件的电参数是精确确定的,但是有一个缺点,就是需要将探针向内移动至被测器件的长度,这样会引起线缆的微小移动[12]。非零电长度的直通标准件也可以使用,这样参考面就可以精确地定义在带线的中心。这样的操作需要知道带线的准确电参数,包括电长度、损耗以及特征阻抗,等等。在探针接触零电长度直通标准件时会向内移动几百微米,在移动探针和线缆时引入的任何物理参数的不精确都会带来相位误差,所以在制作标准件时需要制作标记保证探针在准确的位置。图 5-9 中每个标准件两侧突出的小矩形就是用于标记探针的准确位置。在微带线 TRL 校准标准件中,反射标准件通常选用开路。这是由于短路反射标准件需要在中间位置打通孔,在半导体集成电路工艺中,通孔位置的任何偏差都会导致反射标准件的不均匀,导致出现校准误差。

只要制作了固定设备的 TRL 测试校准标准件,这些在片校准方法也可以用于固定设备的测试校准。尤其当被测器件需要外接偏置电压时,由于电压源位于 VNA 的外部,不会影响射频校准,因此这些校准方法尤其令人满意。如果栅极和漏极的偏置电压是在固定设备的内部,制作用于校准的标准件时,这些电压偏置网络必须予以考虑,这样会使标准件难以定义,所以在太赫兹频段推荐使用 TRL 测试校准方法。

5. 校准结果验证

当测试了所有的标准件并且得到了所有误差项的系数时,就完成了对 VNA 的校准,接下来就需要验证校准结果。通常,验证校准结果首先是测试校准中使用的某几个或者所有的标准件。当然,我们希望 VNA 的测试结果符合所有标准件的特征值,特征值是指标准件的定义值而不是理想值。举个例子,如果短路标准件定义为含有 20 pH 的电感,校准以后测试短路标准件的结果应该接近 20 pH。以上是验证校准算法的正确性,这是验证中非常必要的一方面,但还是不够,还需要测试其他的没有在校准过程中用到的标准件,这些标准件的特性是已知的,并且可以溯源或者可以通过物理尺寸计算。

在实际操作中,通常使用没有在校准过程中使用过的其他长度的带线标准件,以及另一个有偏移量的反射标准件。通过微带线类型和共面波导类型的二端口标准件的测试结果可以评估测试精度。测试带线标准件,需要看测试结果是否位于Smith圆图中心;测试反射标准件,需要看测试结果是否位于Smith圆图边缘。后者通常能够反映校准的相位精度。

相似的验证元件也可以制作在晶圆片或者固定设备上。一个非常实用的制作晶圆片或者ISS标准件的设计方法是将这些都视为二端口标准件。比如,制作偏移负载标准件,可以将信号线和地线之间的电阻设置为50 Ω,这样会产生与VNA端口50 Ω电阻并联的25 Ω电阻,这样在测试时通过反射与传输应该计算出端口电阻是17 Ω。这样每一个S参数(S_{11}、S_{12}、S_{21}及S_{22})都应该是6 dB。这样的标准件易于制作,可以直接测试得到准确值。在晶圆片上制作偏移负载标准件也可以用这样的方法,即将金属部分替换为电阻。验证校准相位的正确性,可以通过测试已知传输线的电长度进行确认。对于微带线校准标准件,由于接地PAD需要通过通孔与背面金属连接,因此偏移负载和偏移短路都会引入寄生电感,这样就会产生随频率变化的验证标准件,到了30 GHz以上就变得不精确。对于测试高功率三极管器件,校准系统阻抗必须小于50 Ω,这样就需要制作小于50 Ω的偏移负载标准件,设计方法同上所述。对于太赫兹频段的S参数测试,建议将验证元件制作在晶圆片上。

6. 电子校准

现在的很多VNA都可以在仪器内完成校准,这就是电子校准,或称之为"E-Cal"。VNA可以通过控制开关模块连接不同的标准件,这样在测试时,VNA端口只需要一次连接,避免了多次连接的不连续性导致的误差。开关模块包含低通开关、高质量单端口反射和传输线标准件。通常会提供多种标准件,包括开路、短路、负载标准件,以及两种不同电长度的带线标准件[13]。这对于多端口 VNA 来说非常有吸引力。但是自动校准目前可以应用的频率范围较小。

5.2.2　测试夹具

针对不同的模型参数提取,需要不同的测试环境,从而带动了各种不同类型夹具的发展与确认。在参数提取过程中,需要更大带宽的 S 参数特性,这样就需要变化夹具,确保特征阻抗在 50 Ω。为了确认模型,需要使用 Load-Pull 测试系统对器件进行从直流到射频的功率测试。本小节介绍了测试界面中夹具设计的关键点,可用于观察模型提取与确认。

1. 夹具的概念

在微波和太赫兹频段,S 参数可以有规律地描述电路和器件特性。由于这些电路和器件大多数是平面结构的,因此不能用 VNA 上的同轴电缆连接并进行直接测试。测试系统的参考面与器件的物理位置有一定距离,被测器件就嵌在电路网络或者测试夹具中。测试夹具的目的就是用很低的插入损耗,将同轴电缆中的电磁波转化为传输线中的电磁波[14,15]。实际上,测试夹具也会引入有限的损耗和非连续性,从而更改 DUT 的测试值,所以这些影响必须通过一定的方法加以去除。

器件内嵌在测试夹具中的示意图如图 5 - 10 所示,图中指出了器件测试参考面的位置。一旦校准过程完成,通过去嵌入算法,可以去除测试夹具的影响。可以根据测试频率要求和测试精度要求,灵活的选用校准件的结构和传

图 5 - 10
器件内嵌在测试夹具中的示意图

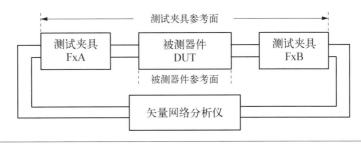

输线特性,以及校准方法。

通常使用两层校准方法来测试嵌入测试夹具中的器件。首先,第一层校准是基于商业校准件,将参考面校准至同轴电缆的尽头。在完成第一层校准并检验之后,实施第二层校准过程。第二层校准的目的是将测试参考面从同轴电缆的尽头移动至 DUT 的两侧,参考面中的 DUT 通常是微带线或者是共面波导结构类型的器件。

在第二层校准过程中,通过测试并收集不同校准件的 S 参数,夹具的输入侧和输出侧的 S 参数就可以很容易确定。然后就可以确定夹具中 DUT 的 S 参数。

2. 探针测试设备

共面波导探针测试广泛地应用于在片测试当中,可以很精确地表征有源和无源电路的特性。S 参数测试技术中很多是围绕探针展开,包括共面波导探针的使用,以及如何确定探针的位置。探针的位置可以通过软件进行自动化控制,测试起来非常快捷。直接在晶圆上扎探针测试,可以避免由于封装加工芯片带来的问题。

在片波导探针在测试中的应用非常广泛,例如与频率和偏置电压相关的连续的或者是脉冲的 S 参数测试,电容的 C-V 测试,连续的或者不连续的直流测试等。探针测试可以满足高准确度、高重复性、高带宽响应度以及环境适应性等方面的要求。如果需要大量的在片测试数据,例如,当需要建立模型的数据库或者统计学模型时,在片探针测试是非常理想的测试技术,因为该技术可以用电脑对探针的位置进行自动化的控制。

在片探针测试的一个重要组成部分是圆形金属卡盘。晶圆片放置在圆形金属卡盘上,卡盘可以实现接地和对晶圆片的机械支撑。圆形金属卡盘的温度可以通过温度控制系统进行调节。共面波导探针安装在微米级的操作器上,用于控制探针的位置和高度,因此可以实现测试结果的可重复性。高放大倍率的光学显微镜安装在测试系统的最顶部,用于观察被测的器件或电路,并保证探针对器件或者电路的有效连接。由于外界的震动会损坏探针和被测器件,并导致测试数据的准确性的下降,因此整个测试系统需要安置在防震台上,防止外界的干扰。波导探针和 Load-Pull 阻抗调节器通过同轴电缆线与 VNA 连接。探针测试台的另外组成部分还有用于固定 DUT 位置的抽真空装置。由于灰尘和温度的变化都会损坏测试系统,因此这些都需要放置在常温的净化厂房中。

共面波导探针与同轴连接器相连,固定在内含塑胶的低损耗同轴电缆线上,这样的装置被称为探针体。探针体连接在微米级的操作器上。探针体内部是低损耗同轴电缆,与同轴连接器相连。探针尖端的另一部分与同轴电缆的外部相连。这些探针尖端用于接地。探测头的类型包括探针的数量和探针的排列方式,例如,共面波导探头需要三个探针,两边的探针用于接地,中间的探针用于传输信号,这种形式的探头被称作 GSG(地-信号-地)探头。探针之间的间距也非常重要。探针的斜度决定了在片测试时压在金属 PAD 上的探针尺寸。在使用探针测试时需要特别小心,这是因为探针特别容易损坏。

除了直接在片测试,通过引线将器件连接至电路进行测试也是常用的方法。这样就不用在器件上制作另外的金属 PAD 用于扎探针,也不需要测试标准件。对于测试这样的器件,需要保证测试设备与器件引线的结构相匹配。这样在器件封装前就需要设计适配器。适配器由 GSG 共面波导型金属 PAD 组成并且与微带线相连接,这些都制作在铝衬底上。适配器的衬底与金属相连接,器件就安装在两者中间,引线用于连接器件。校准件用于将参考面校准至微带线的尽头[16,17]。

GSG 探针在片测试是公认的效率最高、可靠性最高、适用性最广泛、校准最精确的测试方法。大功率三极管通常尺寸非常大,是探针尺寸的几十倍,所以需要将大功率三极管进行封装之后进行测试。这样就使得大电流、低阻抗、高功率器件的测试变得非常复杂。另外,高功率器件产生的电流通常会超过最大电流限制,甚至会损伤探针。因此,在探针测试之前需要进行有效的封装。

在建模和模型参数提取过程中,通常用 GSG 探针对小尺寸器件进行测试。对于大尺寸器件的测试和建模,由于需要制作符合测试要求的测试夹具,因此挑战性更大。

理想情况下,我们希望用一种封装测出所有的大功率器件。但是实际上,这些封装都很难重复使用。原因有以下 3 个。

(1) 这些封装通常用于从低成本、大量的功率放大器生产线上生产出来的器件,这些封装将要与电路焊接在一起。因此封装的尺寸需要根据被测电路尺寸的变化而变化。并且这些封装重复使用会导致容差变大,因此为了保证测试精度,尽量不要重复使用。

(2) 封装的带线宽度比 50 Ω 带线的宽度要大出很多。

(3) 封装法兰的厚度会带来一些问题。在实际应用中,位于热沉部分的法兰需要凹陷进去,再与测试设备连接。电流突然的变化会引起电流回路的不连续性,从而影响整个测试。

通常测试大器件需要封装适配器,指导思想就是设计 50 Ω 微带线将参考面严格确定下来。金属载体用于提供接地面以及机械支撑。接地面需要始终如一,防止出现不连续性。连接在金属导体上的是铝衬底 50 Ω 带线。带线尽头的连接 PAD 可以用引线连接至三极管器件。为了能保证不同尺寸的三极管器件使用,装配时需要改变金属导体的长度以及铝衬底上连接 PAD 的宽度[18]。

封装适配器的装配设计重点在于能够将其安装在测试设备当中。金属导体采用机械支撑,用同轴到微带的转换头连接电缆线和 VNA,VNA 与铝衬底 50 Ω 微带线相连。测试设备的校准通过两层 TRL 校准件来完成。测试参考面确定在窄微带线的尽头,靠近连接 PAD。设计机械支撑结构时需要在金属载体上安装热电偶,温度可以通过降温设备控制,液体可以流过金属支撑。热电偶和冷却设备之间可以形成反馈网络,这样可以保证测试时器件温度始终保持恒定。

为了更好地表征器件特性,测试夹具可以用无源器件制作,并且与测试设备良好匹配。很多封装采用塑料密封对电路进行保护,这样就可以在外部做成成型的封装形式,器件尺寸出现变化的部分可以用塑料进行填充。在被测三极管外围几微米处,这些测试夹具都可以很好的工作。对于测试全尺寸、大功率、已封装的三极管,就需要不同的测试夹具制作方法。

3. 去嵌入技术和分割技术

为了得到精确的测试结果,我们建立了参考面。在参考面中的测试结果对电路仿真和电磁场仿真有很大的指导意义。典型的大功率射频三极管器件包含很多元件、封装,以及多个小的管芯,并且包括了引线和电容。整体的结构非常复杂,仿真和建模的数据量非常大,一次性仿真很难全部包含,对于任何仿真工具和算法都难以承受。在实际应用中,通常预先进行系统性的分割,将不同部分分开并且进行单独的建模。不同的部分建模仿真的工具不同:引线阵列使用全电磁场三维仿真器;电容使用平面电磁场仿真器;三极管使用大信号模型进行仿真。完整的模型就是将这些分立的模型级联起来,这样就可以得到全系统响应。

这种方法成功的关键是在于,第一,必须用某种方法将不同部分分立开来;第二,元件单独拿出来分析必须要和嵌入到整体系统中是一致的。各部分分开的临界位置必须仔细选择,任何参考面都需要匹配,否则会在分析结果中人为引入不连续性。因此,不论是对于测试系统还是仿真器,参考面都非常重要,需要仔细选择并确定。

无源元件的电磁仿真结果通常是以 S 参数文件包或者等效电路模型来表示。然后,需要通过去嵌入的过程,得到三极管管芯的测试数据,这些数据将用于元件的大信号建模。去嵌入过程,可以通过算术的方法实现,也可以用电路仿真器实现。

位于测试夹具中的器件如图 5 - 10 所示,一系列二端口器件级联在了一起。FxA 表示测试夹具的左半边,FxB 表示测试夹具的右半边,DUT 表示我们要测试的三极管。

在数学计算时,可以将级联结构视为 ABCD 矩阵[19],如式(5-4)所示。

$$[M] = [FxA][DUT][FxB] \qquad (5-4)$$

为了将测试夹具的影响从测试数据中去除,得到被测件的 S 参数测试数据,可将式(5-4)转化为式(5-5),即

$$[DUT] = [FxA]^{-1}[M][FxB]^{-1} \qquad (5-5)$$

5.2.3 Load-Pull 测试

任何三极管器件模型中最重要的方面就是模型可适用的范围,可适用范围包括偏置电压和频率,模型的可适用范围越大越好。在建立大信号模型的过程中,Load-Pull 测试(负载牵引测试)是最常用的测试手段。Load-Pull 测试系统可以适用于不同尺寸,不同频率的晶体管的测试,已经成了当今器件建模首选的测试系统。Load-Pull 测试系统可以根据器件的特殊阻抗端口进行调节,包括基波阻抗和谐波阻抗。测试结果是根据输入输出阻抗端口特性,在 Smith 圆图上绘制出一系列等阻抗圆。

典型的 Load-Pull 测试系统如图 5-11 所示。三极管输入端口和输出端口的阻抗匹配通过系统的机械阻抗调节器进行匹配,机械阻抗调节器包括源极调节器和漏极调节器。机械调节器通常包含可以通过滑行调节的传输线,滑

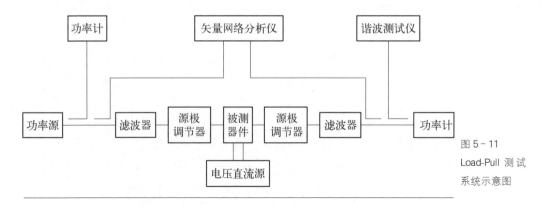

图 5-11
Load-Pull 测试系统示意图

行位置是用精密机械进行调节。输入端口和输出端口的反射系数可以通过电脑控制。Load-Pull 系统可以测试的阻抗范围,受限于系统从机械调节参考面至有源器件参考面之间的损耗。Load-Pull 测试系统的损耗是由连接器、预匹配夹具、三极管封装等因素导致的。对于大功率器件来说,最佳阻抗点通常是 1 Ω 左右,而损耗的存在导致 Load-Pull 系统无法测试更大范围的阻抗。对于搭载机械调节器的无源 Load-Pull 测试系统来说,这是无法克服的缺陷。有源 Load-Pull 测试系统可以很好地解决这一问题,测试的阻抗范围可以更大,甚至达到并超出 Smith 圆图的边界[20]。尽管由于损耗导致的阻抗调节限制,会降低无源调节器的阻抗调节范围,但是有源 Load-Pull 测试系统能够承受更大的功率,能够在测试大功率三极管时发挥更大的作用。现在也出现了新型的有源 Load-Pull 测试系统,可将信号直接加载在三极管的输入端和输出端,并合成输入阻抗和输出阻抗,这样就避免了调节器损耗带来的问题。尽管测试技术和电子技术的发展可以为测试系统提供延迟,并且实现射频信号的数字化模块控制,但这些系统都受限于正弦信号激励。频率越高,正弦信号的激励越困难,这也是太赫兹 Load-Pull 测试系统亟待解决的问题。

在 Load-Pull 测试系统当中,为了达到被测件的测试需求,需要信号发生器、功率放大模块、耦合器、滤波器、功率计、直流源、矢量网络分析仪等多种仪器和模块。当需要测试三极管的饱和功率压缩点时,就需要为器件注入更大的输入功率,这样系统就需要搭载输出功率更高的功率放大器。目前的无源 Load-Pull 测试系统在工作频率 2 GHz,阻抗低于 1 Ω 时,可以达到百瓦级的测试能力。频率越高,可以测试的功率越小。40 GHz 附近只能测试到几十瓦的功率。太赫兹频段的 Load-Pull 测试系统只能测试到毫瓦量级。

由于 Load-Pull 测试系统包括了多种测试仪器和模块,在进行测试之前,需要对系统进行校准,目的是为了知道相关测试频率下的系统阻抗和功率。每一个阻抗调节器都需要连接至矢量网络分析仪,测试特定位置和特定频率点的二端口 S 参数。另外,系统的其他辅助元件和模块,诸如输入和输出连接器、隔离器、衰减器等,也都需要对其 S 参数进行准确的测试。阻抗调节器和匹配夹具前端的所有器件的 S 参数测试完毕之后,需要将这些数据导入系统软件当中,这样系统就可以对功率进行校准。射频信号源的功率校准,只需要对可用到的功率范围进行测试即可。对功率进行校准时,将电长度为 0 的直通传输线连接在被测器件的位置即可。

Load-Pull 测试前的最后一个步骤是对整个系统进行验证。通常是整个系统在 Source-Pull(源极牵引)或 Load-Pull 状态下测试直通标准件或者带线标准件的传输增益。系统中所有元件的 S 参数都是已知,传输增益可以计算得到。通过比较增益的计算值和测试值,就可以确定整个 Load-Pull 测试系统的误差,当该误差在相应的测试频率下小于 0.2 dB 时,就可以认为整个测试系统是准确的。

Load-Pull 测试系统的测试夹具非常重要,一方面可以调节阻抗至三极管的最佳匹配点,保证输入端口和输出端口的反射系数最低;另一方面可以对直流偏置进行去耦合,防止其他频率谐波对测试造成影响。

在器件的大信号模型验证中,Load-Pull 测试数据是非常重要的依据。但是需要注意 Load-Pull 测试数据是基波频率之外的器件阻抗信息。众所周知,器件各次谐波的阻抗和低频阻抗对于器件的射频特性至关重要。因此相关频率点的阻抗都需要实测,并将测试结果反映在器件模型当中。

传统的 Load-Pull 测试系统数据扫描是非常简单直接的。现在借助于商用软件,可以控制 Load-Pull 系统,收集并直接显示测试数据,测试数据的质量和适应性显著增强。例如,测试的特定输出功率下的等阻抗线可以清晰地展示在显示屏中。为了适应通信事业的发展,Load-Pull 测试系统也可以测试三极管在相邻信道的阻抗和功率。但是目前太赫兹 Load-Pull 测试系统的频率仍然较低,无法满足太赫兹大信号的测试需求,还需要进一步研究。

5.3 太赫兹固态模块测试

在太赫兹技术实际应用中,通常将不同功能的部分制作成模块,不同的模块通过标准波导连接在一起，实现系统的功能。因此模块的性能指标测试非常重要，模块的性能直接决定了基于模块所建立的系统的性能。

5.3.1 太赫兹倍频模块测试

本小节以 190 GHz 太赫兹倍频模块为例进行介绍。倍频器模块输入端口采用 WR-8 标准波导，输出端口采用 WR-4 标准波导。采用 SMA 接头为二极管提供直流偏置电压。二倍频器模块测试系统如图 5-12 所示，信号发生器 N5173B 产生的信号经过八倍频器后进入 W 波段功率放大器，再经过 W波段隔离器后为二倍频器测试提供基波信号，二倍频器的输出功率数值由 PM5 功率计测试得到。该 PM5 功率计经过了计量部门的计量与校准，测量频率是 75 GHz～3 THz，最高功率可以测到 200 mW，测量精度为 0.02 μW，能够满足测试要求。直流稳压电源用于为八倍频器、功率放大器和二倍频器提供直流偏置电压。该测试系统可以将输入二倍频器的基波信号的频率扩展到 91～98 GHz，功率达到 500～700 mW，可以满足二倍频器模块的测试需求。

图 5-12
二倍频器模块
测试系统框图

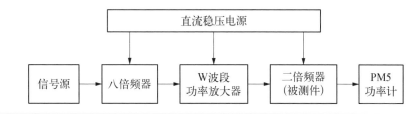

测试时读取每个频率点下功率计的数值并记录，测试结果如图 5-13 所示，二倍频器在基波信号输入频率为 91～98 GHz，输出频率为 182～196 GHz 下的输出功率达到 50 mW 以上，倍频效率达到 8% 以上。在输出频点为187 GHz 时，输出功率达到 85 mW，倍频效率达到 15.4%。

由于八倍频器和 W 波段功率放大器的工作频率所限，无法对二倍频器实现更大范围频率的测试。如果需要提升测试系统的测试能力，就需要提高系统中每个模块的性能指标，可以根据实际情况进行调整。

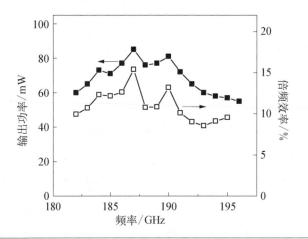

图 5 - 13
二倍频器输出
功率和效率测
试数据

5.3.2　太赫兹混频模块测试

本小节以 220 GHz 二次谐波混频器测试为例进行介绍。混频器模块射频端口采用 WR - 4 标准波导,本振端口采用 WR - 8 标准波导,中频信号通过 SMA 接头引出。

混频器模块测试系统如图 5 - 14 所示。由于需要射频(RF)和本振(LO)两路信号,所以需要两个信号源。信号源 1 产生的信号经过八倍频器,之后进入二倍频器产生 190~226 GHz 的微瓦量级的 RF 信号,在测试混频器之前需要

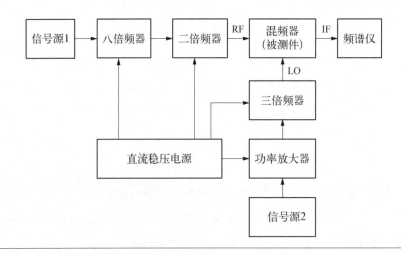

图 5 - 14
混频器模块测
试系统框图

先测试每个频点下RF信号的功率值。信号源2产生的信号经过功率放大器后推动三倍频器产生85～113 GHz的LO信号,功率为3mW。IF端口连接至频谱仪。

将IF信号固定为1 GHz时,调节信号源1和信号源2,观测频谱仪数值并记录,然后与之前记录的RF功率值一起计算,就可以得到单边带变频损耗结果,如图5-15所示测试得到单边带变频损耗在10 dB左右。

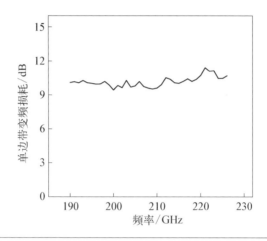

图5-15
混频器变频损耗测试数据

由于八倍频器的工作频率所限,无法对混频器实现更大范围频率的测试。其他类型模块的测试与上述过程类似。只是需要根据被测模块的特性和测试指标增加或者减少测试设备。例如,如果输出功率超过了功率计的量程就需要加上衰减器,如果需要测试驻波就需要加上耦合器。总之,模块测试需要根据测试要求和实际条件进行调整,发挥出现有条件的最大测试性能。

5.3.3 太赫兹噪声系数测试

本小节以太赫兹低噪声放大器模块噪声系数测试为例进行介绍。图5-16为太赫兹低噪声放大器模块噪声系数测试系统框图,包括常温和低温系统、天线、放大器模块、信号源、本振链路、混频器、低噪声放大器、低通滤波器、中频放大器和功率计。

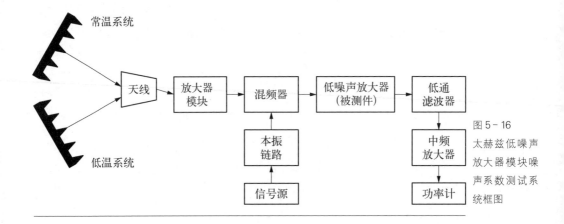

図 5-16
太赫兹低噪声
放大器模块噪
声系数测试系
统框图

采用低温和常温两种状态的黑体负载辐射的电磁波信号让测试系统能够
接收高温与常温负载,常温系统和高温系统通过手动进行分时工作。接收机
系统将太赫兹信号变到中频,利用功率计接收中频信号。通过常温负载和高
温负载两种状态下测试的两个中频信号,利用 Y 因子公式推导,可以计算出太
赫兹低噪声放大器的噪声系数。其计算公式如下所示。

$$T_{\text{SYS}} = \frac{T_{\text{H}} - YT_{\text{L}}}{Y - 1} \tag{5-6}$$

$$NF_{\text{SYS}}(\text{dB}) = 10\lg\left(\frac{T_{\text{SYS}}}{T_{\text{H}}} + 1\right) \tag{5-7}$$

式中,T_{SYS} 为系统的噪声温度;T_{H} 为室温,取 300 K;T_{L} 为低温,取 90 K;NF_{SYS}
为系统噪声系数。

首先对测试系统进行校准,即测试未接被测件(太赫兹低噪声放大器模
块)状态下系统噪声系数,记为 NF_0;然后接入被测件测试系统噪声系数,记为
NF_1。根据噪声级联公式可知

$$NF_1 = NF_{\text{module}} + \frac{NF_0}{G_{\text{module}}} \tag{5-8}$$

式中,NF_{module} 为被测件噪声系数;G_{module} 为被测件功率增益。则被测件的噪声

系数可表示为

$$NF_{\text{module}} = NF_1 - \frac{NF_0}{G_{\text{module}}} \qquad (5-9)$$

记录不同频率下的 NF_0 和 NF_1 的数据,根据公式(5-9)对数据进行处理,可得到太赫兹低噪声放大器模块的噪声系数 NF_{module}。

参考文献

[1] Engen G F, Beatty R W. Microwave reflectometer techniques[J]. IEEE Transactions on Microwave Theory and Techniques, 1959, 7(3): 351-355.

[2] Engen G F. Advances in microwave measurement science[J]. Proceedings of the IEEE, 1978, 66(4): 374-384.

[3] Pl'a J. Characterization and modeling of high power RF semiconductor devicesunder constant and pulsed excitations[C]//Proc. Fifth Annual Wireless Symposium, 1997, 467-472.

[4] Dunn M, Schaefer B. Link measurements to nonlinear bipolar device modeling[J]. Microwaves and RF, 1996, 35(2): 114-130.

[5] Parker A E, Root D E. Pulse measurements quantify dispersion in PHEMTs [C]//1998 URSI International Symposium on Signals, Systems, and Electronics. Conference Proceedings (Cat. No. 98EX167). IEEE, 1998, 444-449.

[6] Agilent Technologies Inc., Agilent PNA microwave network analyzers[EB/OL]. [2019-1-16]. http://cp.literature.agilent.com/litweb/pdf/5989-4839EN.pdf.

[7] Bryant G H. Principles of microwave measurements[M]. UK: P. Peregrinus Ltd. on behalf of the Institution of Electrical Engineers, 1993.

[8] Rytting D. Network analyzer error models and calibration methods[J]. White Paper, September, 1998.

[9] Eul H J, Schiek B. A generalized theory and new calibration procedures for network analyzer self-calibration[J]. IEEE T. Microw. Theory, 1991, 39(4): 724-731.

[10] Williams D F, Marks R B. Compensation for Substrate Permittivity in Probe-Tip Calibration[C]//Arftg Conference Digest-fall. IEEE, 1994, 20-30.

[11] Cheng G X. Calibration-independent measurement of complex permittivity of liquids using a coaxial transmission line[J]. Rev. Sci. Instrum., 2015, 86(1):

014704.

[12] Hasar U C. Explicit permittivity determination of medium-loss materialsfrom calibration-independent measurements[J]. IEEE Sens. J., 2016, 16(13): 5177 - 5182.

[13] Hasar U C. Thickness-invariant complex permittivity retrieval from calibration-independent measurements [J]. IEEE Microw. Wirel. Co., 2017, 27 (2): 201 - 203.

[14] Bauer R F, Penfield P. De-embedding and unterminating[J]. IEEE T. Microw. Theory, 1974, 22(3): 282 - 288.

[15] Eisenhart R L. A better microstrip connector[C]//IEEE MTT - S Int. Microw. Symp. Dig., 1982, 318 - 320.

[16] A guide to better vector network analyzer calibrations for probe-tip measurements. Cascade Microtech Inc., http://www.home.agilent.com/upload/cmc upload/All/TECHBRIEF4.pdf.

[17] Wartenberg S. RF coplanar probe basics[J]. Microwave Journal, 2003, 46(3): 20 - 22.

[18] Fan Q, Leach J H, Morkoc H. Small signal equivalent circuit modeling for AlGaN/GaN HFET: Hybrid extraction method for determining circuit elements of AlGaN/GaN HFET[J]. P. IEEE, 2010, 98(7): 1140 - 1150.

[19] Dobrowolski J A, Ostrowski W. Computer aided analysis modeling and design of microwave networks: the wave approach[M]//Computer-Aided Analysis, USA: Artech House, Inc., 1996.

[20] Zhang C H, Bauwens M F, Xie L, et al. A micromachined differential probe for on-wafer measurements in the WM-1295 (140~220 GHz) band[C]//2017 IEEE MTT - S International Microwave Symposium (IMS). IEEE, 2017: 1088 - 1090.

新型太赫兹
固态器件

随着工艺加工技术的提升,以 GaAs 和 InP 为代表的太赫兹固态器件性能不断逼近材料极限,寻求新的材料体系成为进一步提升太赫兹固态器件功率和频率的重要途径。第三代宽禁带半导体 GaN 具有大禁带宽度、高击穿场强和高迁移率等优点,兼备大功率与高频率优势,成为太赫兹领域新的研究热点。GaN 器件功率密度是 GaAs 和 InP 器件功率密度的 5 倍多,有望颠覆现有太赫兹固态器件及电路的输出功率。具有超高载流子迁移率以及超薄导电通道的二维材料是突破现有固态器件频率的理想材料体系,其中兼备高速、高热导率以及易集成等优势的石墨烯研究最为广泛,已在太赫兹探测器等领域取得重大突破。开发以 GaN 和石墨烯为代表的新型太赫兹固态器件势在必行,是推动太赫兹技术向更高频率、更大功率、小型化和单片集成发展的重要助力。

6.1 GaN 太赫兹器件与电路

6.1.1 GaN 异质结基本特性

GaN 材料除了具有带隙宽和击穿电场强等第三代半导体共性优势外,独具特色的极化效应使 GaN 异质结材料具有高电子浓度、高限域性、高迁移率以及高电子饱和速度等得天独厚的优势,因此 GaN 异质结器件成为理想的高频功率器件[1]。目前 GaN 异质结中发展最为成熟且应用最为广泛的是 AlGaN/GaN 异质结材料,本节将以 AlGaN/GaN 异质结为例简单介绍极化效应和能带结构等 GaN 异质结基本特性。

1. 极化效应

纤锌矿晶格结构氮化物属于非中心对称晶体,具有极轴 c 轴。由于氮化物的不对称性,在没有外加应力的条件下,正负电荷中心不重合,从而在沿 c 轴方向产生自发极化效应(Spontaneous Polarization)[2]。在外加应力条件下(晶格失配),产生晶格形变,正负电荷中心分离,形成偶极矩,偶极矩的相互累加导致在晶格表面出现压电极化效应（Piezoelectric Polarization）。AlGaN/GaN 异质结的极化效应可表示为

$$P_{tot} = P_{SP} + P_{PE} \qquad (6-1)$$

式中，P_{SP} 为自发极化强度，其大小一般与材料的原子种类有关。对于 $Al_x Ga_{1-x} N$ 来说，其自发极化强度可以表示为

$$P_{SP}(Al_x Ga_{1-x} N) = x P_{SP}(AlN) + (1-x) P_{SP}(GaN) \qquad (6-2)$$

式中，$P_{SP}(AlN)$ 和 $P_{SP}(GaN)$ 的数值分别为 $-0.081\,C/m^2$ 和 $-0.029\,C/m^2$，所以 $Al_x Ga_{1-x} N$ 自发极化强度可表示为

$$P_{SP}(Al_x Ga_{1-x}N) = -(0.052x + 0.029)\,C/m^2 \qquad (6-3)$$

式（6-1）中，P_{PE} 为压电极化强度，在 AlGaN/GaN 异质结中应力主要来自 AlGaN 材料与 GaN 材料的晶格失配。当应力较小时，$Al_x Ga_{1-x} N/GaN$ 异质结压电极化表达式为[3]

$$P_{PE} = e_{33} \varepsilon_z + e_{31}(\varepsilon_x + \varepsilon_y) \qquad (6-4)$$

式中，e_{31} 和 e_{33} 分别为压电常数；ε_x、ε_y 分别为六边形平面内的应变；ε_z 为沿 c 轴方向的应变。其表达式分别为

$$\varepsilon_x = \varepsilon_y = \frac{a - a_0}{a_0} \qquad (6-5)$$

$$\varepsilon_z = \frac{c - c_0}{c_0} \qquad (6-6)$$

两种应变之间存在一定关系[4]：

$$\varepsilon_z = -2\frac{C_{13}}{C_{33}} \cdot \varepsilon_x \qquad (6-7)$$

式（6-5）~式（6-7）中 a 和 c 为 $Al_x Ga_{1-x} N$ 势垒层的晶格常数值，a_0 和 c_0 为 GaN 的晶格常数值，C_{13} 和 C_{33} 是弹性张量。$Al_x Ga_{1-x} N$ 势垒层晶格常数 a

和 c 可近似表达为

$$a = x\,a_0(\mathrm{AlN}) + (1-x)\,a_0(\mathrm{GaN}) \qquad (6-8)$$

$$c = x\,c_0(\mathrm{AlN}) + (1-x)\,c_0(\mathrm{GaN}) \qquad (6-9)$$

结合式(6-4)和式(6-9)可推得沿 c 轴的压电极化强度为

$$P_{\mathrm{PE}} = 2\,\frac{a-a_0}{a_0}\left(e_{31} - e_{31}\,\frac{C_{13}}{C_{33}}\right) \qquad (6-10)$$

2. AlGaN/GaN 异质结能带结构

由于 GaN 具有极化效应,AlGaN/GaN 异质结由于导带不连续性在界面处形成比较深的三角势阱,界面处的二维电子气(2DEG)被束缚在三角势阱中,如图 6-1 所示。

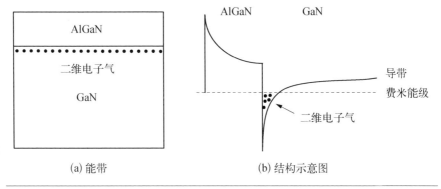

图 6-1
AlGaN/GaN 异质结

(a) 能带   (b) 结构示意图

根据 E.T.Yu[3] 等的理论,对于不掺杂的 AlGaN/GaN 异质结,由极化作用形成的界面处 2DEG 浓度 n_s 可以表示为

$$n_s = \rho_{\mathrm{AlGaN/GaN}}^{\mathrm{pol}} - \frac{\varepsilon_{\mathrm{AlGaN}}}{e\,d_{\mathrm{AlGaN}}}(\varPhi_b + E_{\mathrm{F}} - \Delta E_c) \qquad (6-11)$$

式中,$\rho_{\mathrm{AlGaN/GaN}}^{\mathrm{pol}}$ 为界面净极化电荷密度;d_{AlGaN} 和 $\varepsilon_{\mathrm{AlGaN}}$ 分别为 AlGaN 厚度和介电常数;E_{F} 为费米能级;ΔE_c 为异质结带阶;$\varPhi_b$ 为表面施主态能级距导带底的能带差。

在三角势阱近似下,2DEG 密度和费米能级关系如下:

$$E_F = E_0 + \frac{\pi \hbar^2}{m^*} n_s \qquad (6-12)$$

$$E_0 = \left(\frac{9\pi}{8\sqrt{8\,m^*}} \cdot \frac{e^2}{\varepsilon_{GaN}} \cdot n_s \right)^{\frac{2}{3}} \qquad (6-13)$$

式中,E_0 为基态能级;m^* 为电子质量;ε_{GaN} 为 GaN 的介电常数;e 为单位电荷。通过式(6-11)~式(6-13)可粗略计算一定厚度 AlGaN 势垒层下的费米能级和二维电子气密度。

6.1.2 GaN 太赫兹器件与电路

1. 新型 GaN 异质结太赫兹器件优势及进展

目前 GaN 功率器件主要是采用 AlGaN/GaN 异质结材料,工作频段已达到 W 波段。面向更高工作频段——太赫兹频段工作是 GaN 器件未来发展趋势之一。提高工作频率最重要的是等比例缩小器件尺寸。为了保持高浓度 2DEG,AlGaN 势垒层厚度须大于 10 nm,如图 6-2(a)所示,采用高铝组分的 AlGaN 势垒层实现薄势垒获得高载流子浓度,但是器件的可靠性和稳定性急剧变差。然而,随着器件尺寸的缩小,尤其是栅长的减小,短沟道效应对 AlGaN/GaN 功率器件的影响越发严重,如图 6-2(b)所示。因此,传统的 AlGaN/GaN 材料在高频功率器件应用(W 波段以上频段)方面遇到挑战,如图 6-3 所示,亟须寻求新型异质结结构,突破频率限制。

当前国际上多采用超薄势垒(In)Al(Ga)N/GaN 或者反极性的 N 面 GaN 等新型异质结材料,抑制器件尺寸等比例缩小带来的短沟道效应,进一步提升器件频率特性。受益于 AlN 和 InN 强的极化效应(表 6-1)[3-5],仅需几纳米 (In)Al(Ga)N/GaN 厚度就可以获得高的二维电子气密度(图 6-4),能够有效抑制短沟道效应,改善器件频率特性。N 面 GaN 新型异质结材料通过反极性的方式,大幅提升沟道电子的限域性,有效抑制短沟道效应,改善器件频率特性。

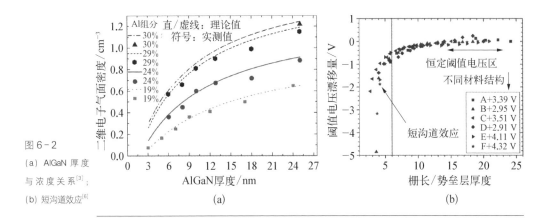

图 6-2
(a) AlGaN 厚度
与浓度关系[3];
(b) 短沟道效应[6]

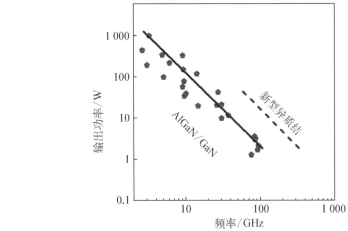

图 6-3
已报道 AlGaN/
GaN 高频功率
器件不同频率
下输出功率

表 6-1
Ⅲ—Ⅴ族氮化
物材料的基本
材料参数[3-5]

Ⅲ—Ⅴ族氮化物	禁带宽度 E_g/eV	晶格常数/Å		弹性常数/Gpa				自发极化强度 P_{sp} /(C/m²)	压电常数 /(C/m²)	
		α	c	C_{11}	C_{12}	C_{13}	C_{33}		e_{31}	e_{33}
InN	0.7	3.548	5.76	223	115	92	224	−0.032	0.97	−0.57
GaN	3.4	3.187 6	5.184 6	390	145	106	398	−0.029	0.73	−0.49
AlN	6.2	3.112	4.892	396	137	108	373	−0.081	1.46	−0.6

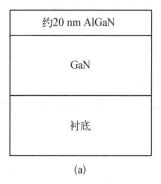

<table>
<tr><td>约20 nm AlGaN</td></tr>
<tr><td>GaN</td></tr>
<tr><td>衬底</td></tr>
</table>

(a)

约4 nm(In) Al(Ga)N

GaN

衬底

(b)

图 6－4
(a) 传统 AlGaN/
GaN 异质结；
(b) 新型（In）Al
(Ga)N/GaN 异质
结结构示意图

GaN 异质结材料特性对比如表 6－2 所示。新型(In)Al(Ga)N/GaN 异质结中，$In_{0.17}$AlN 与 GaN 晶格匹配，如图 6-5 所示，无压电极化的 $In_{0.17}$AlN/GaN 异质结可大大降低逆压电效应，器件具有更高的可靠性，同时具有强的自发极化，可提高薄势垒的二维电子气浓度，并且在外延难度上也低于四元合金材料 InAlGaN/GaN。

	AlGaN/GaN	AlN/GaN	InAlGaN/GaN	N 面 GaN	InAlN/GaN
高频特性	×	√	√	√	√
可靠性	√	—	—	—	√
外延难度	易	中	难	难	中
一致性	中	难	难	难	中

表 6－2
GaN 异质结材
料特性对比

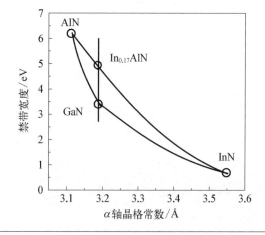

图 6－5
氮化物禁带宽
度与 α 轴晶格
常数的关系

目前国际上反极性的 N 面 GaN、超薄势垒 InAlN/GaN、InAlGaN/GaN 以及 AlN/GaN 等 GaN 新型异质结功率器件均取得重大突破,研究现状如下。

(1) N 面 GaN 高频功率器件

传统的 Ga 面氮化镓器件势垒层在沟道层上方。N 面器件则相反,其沟道层在势垒层上方。与常规的 Ga 面器件相比,N 面器件具有良好的电子限阈性等优点,容易实现较高的 f_{max} 值。

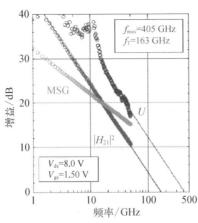

图 6-6
f_{max} 为 400 GHz
N 面 GaN HEMT
小信号特性
曲线[7]

2012 年加利福尼亚大学圣塔芭芭拉分校的 D. Denninghoff 等报道了栅长为 90 nm 的 N 面 GaN/InAlN MIS-HEMT,沟道层为 10 nm GaN,势垒层为 25 nm InAlN[7],如图 6-6 所示。采用非合金再生长工艺,实现源漏间距仅为 175 nm。器件的导通电阻 R_{on} 仅为 0.29 Ω·mm。短沟道效应以及寄生电阻都得到明显抑制。测试结果表明,器件的 f_{max} 达到 400 GHz,高于同等栅长下 Ga 面器件水平。

(2) InAlN/GaN 高频功率器件

In 组分为 17% 的 $In_{0.17}Al_{0.83}N$/GaN 异质结是一种晶格匹配的 GaN 异质结材料,它比传统 AlGaN/GaN 更大的自发极化作用,能够以更薄的势垒层形成更高浓度的二维电子气。因此 $In_{0.17}Al_{0.83}N$/GaN HEMT 具有更大的电流密度、更好的射频特性以及更出色的可靠性。2013 年 TriQuint 公司 D. Denninghoff 等研制出 f_T/f_{max} 为 348 GHz/340 GHz 的 InAlN/GaN HEMT 器件[8]。2018 年中国电科 13 所付兴昌等基于源漏区 n+GaN 再生长工艺,研制出 f_{max} 超过 400 GHz 的 InAlN/GaN HEMT 器件[9],如图 6-7 所示。

2015 年中国电科 13 所房玉龙等基于 MOCVD 外延设备获得了高质量的超薄 InAlN/GaN 材料,解决材料相分离、组分不均匀等诸多外延瓶颈问题,如图 6-8 所示,InAlN/GaN 异质结材料在室温下实现面密度 1.39×10^{13} cm^{-2},

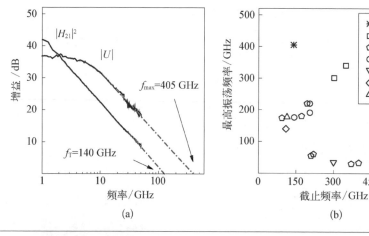

图 6-7
f_{max} 超过400 GHz
的 InAlN/GaN
HEMT 器件
(a) 小信号特性
曲线；(b) 已报
道 InAlN/GaN
HEMT器件频率特
性[9]

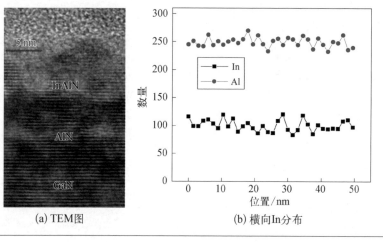

(a) TEM图　　　　(b) 横向In分布

图 6-8
采用 MOCVD
获得的高质量
的超薄 InAlN/
GaN 材料[10]

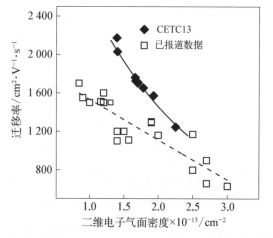

图 6-9
已报道 InAlN/
GaN 异质结材
料迁移率[10]

迁移率 2 175 cm² · V⁻¹ · s⁻¹[33]，如图 6-9 所示。2017 年中国电科 13 所王元刚等突破 InAlN/GaN 高频器件可靠性难题，报道了 InAlN/GaN HEMT 器件在结温(T_j)150℃下平均失效时间(MTTF)达到 8.9×10^6 h[11]，如图 6-10 所示。

图 6-10
InAlN/GaN
HEMT
(a) 器件照片；
(b) MTTF 测试
结果[11]

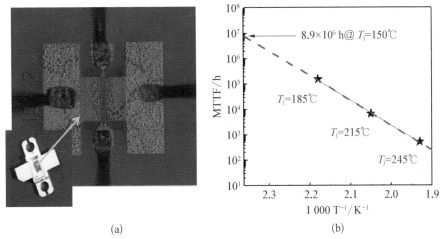

(a)　　　　　　　　　(b)

（3）InAlGaN/GaN 高频功率器件

2011 年，Notre Dame 大学采用非合金欧姆接触工艺制备了源漏，源漏间距为 0.8 μm 的 InAlGaN/GaN HEMT。采用电子束制备了栅根长度为 40 nm 的 T 型栅。小信号 S 参数测试表明，器件实现 f_T 和 f_{max} 分别为 230 GHz 和 300 GHz[12]，如图 6-11 所示。

（4）AlN/GaN 高频功率器件

2013 年 HRL 实验室的 K. Shinohara 报道了使用 3.5 nm AlN 作为势垒层，同时采用背势垒抑制短沟道效应，器件的 f_T 与 f_{max} 分别达到 329 GHz 和 554 GHz，同时击穿电压达 14 V，栅压为 2 V 时器件的饱和电流密度大于 4 A/mm[13]，如图 6-12 所示。

图 6-11
f_{max} = 300 GHz
InAlGaN/GaN
HEMT 射频特
性曲线[12]

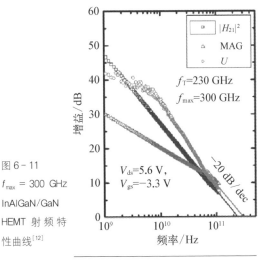

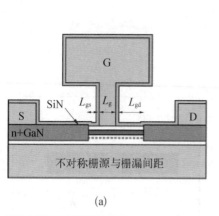

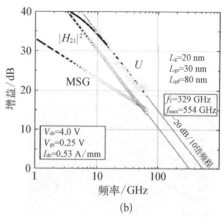

(a)
(b)

2. 新型 GaN 异质结太赫兹器件频率优化设计

材料和器件结构设计是新型 GaN 异质结器件步入太赫兹频段的关键步骤之一,其中与频率相关的主要指标为最高振荡频率 f_{max} 和截止频率 f_T。

图 6 - 13 为 GaN 太赫兹器件的等效电路模型。R_d、R_S、R_g、R_{gd}、R_{gs} 和 R_{ds} 分别代表器件的漏电阻、源电阻、栅电阻、栅漏间电阻、栅源间电阻以及漏源间输出电阻;C_{gs}、C_{gd} 和 C_{ds} 分别为栅源、栅漏以及源漏间的本征电容;L_g、L_d 和 L_s 分别表示栅极、漏极和源极的寄生电感;g_m 为交流跨导。截止频率 f_T 表达式为

$$f_T = \frac{g_m}{2\pi(C_{gs} + C_{gd})} \qquad (6-14)$$

f_T 的物理意义是载流子穿越栅所用时间的倒数。对于小栅长太赫兹器件,电子以饱和漂移速度 v_{sat} 穿越栅,所以太赫兹器件的截止频率 f_T 可以表示为

$$f_T = \frac{v_{sat}}{2\pi L_g} \qquad (6-15)$$

最高振荡频率 f_{max} 表达式为

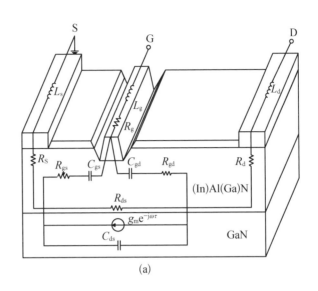

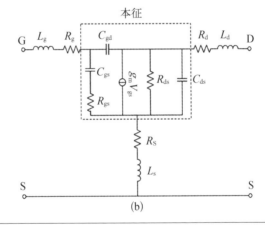

图 6 - 13
GaN 太 赫 兹
器件

(a) 寄生参数示
意图;(b) 等效
电路[14]

$$f_{\max} = \frac{f_T}{2\sqrt{(R_g + R_S + R_{gs})/R_{ds} + 2\pi f_T R_g C_{gd}}} \qquad (6-16)$$

由式(6-14)和式(6-15)可知,缩小栅长、提高跨导以及提高电子饱和漂移速度是提高 f_T 的有效方法。其中提高跨导的方法主要为凹栅或减薄势垒层,缩短栅与沟道的距离,增加栅控能力;提高电子饱和速度的方法可通过提高外延材料质量,降低缺陷对电子的散射,并且可以通过优化材料结构,寻求热声子效应最低时对应的 2DEG 面密度,提升电子漂移速度。由式(6-16)可知提高最高振荡频率 f_{max} 主要从将寄生入手,引入 T 型栅降低寄生电容和栅电阻;引入再生长 n+GaN 源漏技术,降低源/漏欧姆接触电阻;缩短源漏间距,降低栅源间电阻和栅漏间电阻;引入背势垒、凹栅、超薄势垒等技术增加沟道电子限域性,改善短沟道效应,提高漏源间输出电阻 R_{ds}。所以再生长 n+GaN 欧姆接触和纳米 T 型栅制备工艺是实现太赫兹器件的关键工艺,下文将详细介绍这两步工艺。

3. 新型 GaN 异质结太赫兹器件制备工艺

图 6-14 为新型 GaN 异质结太赫兹双指器件加工的主要工艺流程。

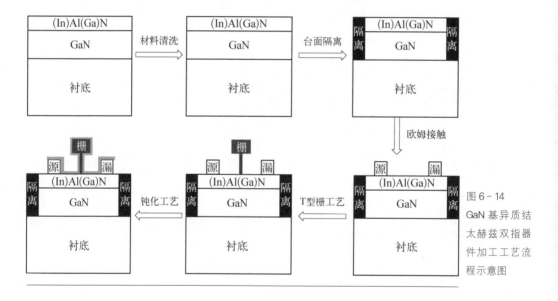

图 6-14 GaN 基异质结太赫兹双指器件加工工艺流程示意图

主要包括以下几个步骤。

(1) 材料清洗:利用丙酮、异丙醇和乙醇等有机清洗液去除材料表面的油脂及其他有机杂质,利用 NH_4OH、$NaOH$、HF 和 HCl 等无机清洗液去除材料表面的氧化物和无机杂质。

(2) 台面隔离:通过反应离子刻蚀(RIE)/感应耦合等离子体(ICP)干法刻蚀或者离子注入制备相互隔离、孤立的有源区岛,隔离相邻的器件。

（3）欧姆接触：通过沉积多层金属体系快速热退火、再生长以及离子注入等方式制备漏/源欧姆接触电极。

（4）T型栅工艺：通过电子束曝光结合剥离工艺形成T型栅，降低器件栅寄生电阻和电容。

（5）钝化工艺：采用等离子体增强化学气相沉积设备（PECVD）、原子层淀积（ALD）等沉积设备在器件表面淀积 SiN、SiO_2 或其他高K介质等钝化层，一方面可有效降低表面态和电流崩塌，另一方面通过调节表面势，增加2DEG面密度。

T型栅和欧姆接触制备是GaN太赫兹器件的关键工艺。传统的高温合金无法实现百纳米级别的源漏间距，不利于器件尺寸等比例缩小，实现非合金的欧姆接触制备是实现高频器件的关键。同时，欧姆接触电阻直接影响着器件的饱和电流密度和最大振荡频率等特性。中国电科13所付兴昌等采用二次外延重掺杂 n＋GaN 的方式实现非合金欧姆接触制备[9]，通过低损伤干法刻蚀结合湿法腐蚀工艺，降低刻蚀损伤，同时充分考虑再生长工艺中几何尺寸对重掺杂 n＋GaN 二次外延的影响，改善重掺杂 n＋GaN 与沟道二维电子气的衔接界面，降低欧姆接触电阻。

随着工作频率的提高，寄生电容要求越来越小，栅长需不断缩小，但栅电阻会不断增大，影响器件的频率和增益。为了解决栅电容与栅电阻矛盾关系，引入T型纳米栅结构势在必行，T型纳米栅制备是GaN基器件实现太赫兹频段功率输出的决定性因素。

传统的光刻工艺方法精线宽度有限，很难实现纳米栅制备；而电子束直写式曝光技术可以完成数十纳米线条的曝光，是纳米栅制备的关键技术。电子束曝光是利用具有一定能量的电子与光刻胶碰撞，发生化学反应完成曝光。该技术的优点是曝光精度高、无掩膜、可及时调整线宽。但由于存在电子前散射和背散射，邻近效应严重，使形成的光刻图形发生畸变，影响曝光形状和精度。

为了抑制邻近效应，采用两次曝光两次显影的技术实现T型纳米栅，如图6-15示，具体步骤如下：采用 PMMA/Copolyer/PMMA 三层光刻胶，首先对栅帽图像曝光,进行第一层显影,通过控制曝光剂量和显影时间,第一层显影终止于底层 PMMA 胶,形成栅帽图形;然后进行栅根图像曝光和显影,形成栅根图形。两次曝光两次显影有效减薄了每次曝光光刻胶厚度,从而抑制了曝光过程中电子前散射和背散射,有助于实现高精度 T 型纳米栅。

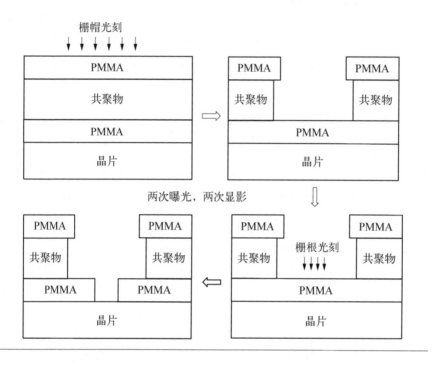

图 6-15
两次曝光两次显影技术制备 T 型纳米栅的示意图

4. GaN 太赫兹电路

受益于 GaN 异质结高击穿和高速度特性,高频 GaN MMIC 在功率等方面体现出巨大优势。伴随着 GaN 器件频率特性及功率特性的提高,国际上陆续展开了 GaN 功率放大器的研究。W 波段及以上频段 GaN MMIC 被首次报道出现于 2006 年,M. Micovic 等第一次报道了基于 GaN HEMT 技术实现的 W 波段功率放大器,功率密度为 2.1 W/mm,是 InP HEMT 技术(0.26 W/mm)的八倍[15]。2016 年日本富士通公司报道了脉冲模式下饱和输出功率高达 3.6 W 的 W 波段 GaN MMIC 功率放大器[16]。2017 年 HRL 实验室首次报道了 D 波段 AlN/GaN 低噪声放大器电路,110～170 GHz 增益大于 25 dB,噪声系数约 6 dB,饱和输出功率 12 dBm。这也是目前 GaN 基 MMIC 放大器实现的最高工作频段[17]。

2014 年,HRL 报道了一个工作在 G 波段的 AlN/GaN MMIC 功率放大器[18]。晶体管的栅长为 40 nm,f_T 为 200 GHz,f_{max} 为 400 GHz,击穿电压大于 40 V。放大器采用的器件栅宽为 $4 \times 20\ \mu m$,180～200 GHz 下增益为 4.5 dB,电路在漏压 8 V 偏压下,在 180 GHz 下实现 296 mW/mm 的饱和输出功率密度,是 InP HEMT 的 3 倍,如图 6-16 所示。

图 6-16 工作在 G 波段的 AlN/GaN MMIC 功率放大器[18]

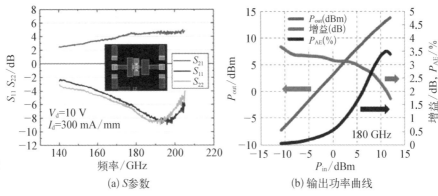

(a) S 参数　　　　　　　(b) 输出功率曲线

6.2　石墨烯太赫兹器件与电路

6.2.1　石墨烯基本特性

1. 石墨烯材料简介

2004 年,英国曼彻斯特大学的安德烈·盖姆(A. Geim)和康斯坦丁·诺沃肖洛夫(K. Novoselov)从高定向热解石墨中成功剥离出一种新型碳纳米材料——石墨烯。石墨烯因其奇特的物理特性引起全世界科学家的兴趣,成为国际科学前沿最热门的研究领域之一[19]。2010 年,安德烈·盖姆和康斯坦丁·诺沃肖洛夫因"有关二维材料石墨烯的开创性实验"获诺贝尔物理学奖。

石墨烯是由单层碳原子紧密堆积成的二维蜂窝状晶体结构材料,如图6-17所示。

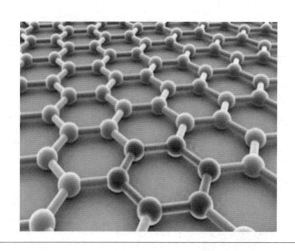

图 6-17
石墨烯晶体结构示意图[19]

石墨烯中的碳原子以六方结构排列,相邻原子通过 sp² 电子轨道杂化形成一个很强的 σ 轨道共价键,碳原子余下的垂直晶格平面的 p$_z$ 轨道则通过和相邻原子的同种轨道结合,形成 π 轨道,石墨烯中的 π 电子具有与光子相同的线性能量/动量关系(能带结构),如图 6-18 所示,该电子决定了石墨烯所有奇异的电学性能。石墨烯线性能带结构介于金属和半导体之间,既有金属特性,也具有半导体特性。

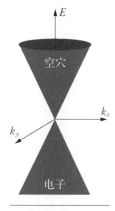

图 6-18
石墨烯的能带结构示意图

石墨烯具有很多优异的物理化学特性,是目前已知的最薄最轻的材料,其厚度仅为 0.34 nm,比表面积为 2 630 m²/g。石墨烯具有奇特的电输运特性,存在异常的整数量子霍尔效应,电子为无质量的狄拉克费米子。石墨烯电学特性优异,具有极高的载流子迁移率,室温下为 2×10^5 cm²/(V·s),为 Si 材料的 100 倍,理论载流子迁移率值可达 10^6 cm²/(V·s),是目前已知材料中最高的;载流子饱和速度大,为 $(4 \sim 5) \times 10^7$ cm/s;电流密度大,有望达到 10^9 A/cm²,是 Cu 的 500 倍。石墨烯热导率高,为 3 000~5 000 W/(m·K),与碳纳米管相当。石墨烯透光率高,单层石墨烯透光率为 97.7%。石墨烯非常坚硬,破坏强度为 42 N/m,杨氏模量为 0.5~1 TPa,与金刚石相当。

2. 石墨烯材料制备技术

石墨烯材料制备是石墨烯器件应用的基础。目前制备石墨烯材料的方法大体可以分为"自上而下"和"自下而上"两大类。自上而下制备方法包括微机械剥离法、化学剥离法、激光刻蚀剥离法等,自下而上制备方法包括化学气相沉积法(Chemical Vapor Deposition,CVD)、外延生长法等。对于石墨烯太赫兹器件与电路应用,需要高质量、大面积、连续的石墨烯薄膜材料,制备主要有化学气相沉积法和碳化硅基外延生长法,下面对这两种方法进行详细介绍。

(1) 化学气相沉积法

化学气相沉积法是指在反应腔中引入一种或几种气态物质,进行化学反应生成一种新的物质淀积在固态衬底表面。化学气相沉积法制备石墨烯分为两种情况,一种是衬底采用过渡金属[如 Ni(111)、Pt(111)、Ir(111) 和 Pd(111)等],利用金属的催化活性,通过加热,使得吸附于金属表面的碳氢化合物催化脱氢,形成石墨烯;另外一种是衬底采用金属薄膜(如 Cu 等),单晶中含有的微量碳杂质成分,在超高真空环境下高温热退火,将体内的碳元素偏析出来从而在衬底表面形成石墨烯。

2009 年,有报道利用多晶镍膜基体制备大面积少层石墨烯,并将石墨烯成功转移。镍等溶碳量较高的金属基体,碳源裂解产生的碳原子在高温时渗入金属基体内,在降温时再析出成核,进而生成石墨烯。铜等溶碳量较低的金属基体,高温下气态碳源裂解生成的碳原子吸附于金属表面,进而成核生长成石墨烯。韩国三星公司用 CVD 在铜箔上生长多晶石墨烯薄膜已达到 30 in[①]。目前该方法制备石墨烯已可工业化生产。CVD 方法制备石墨烯简单易行,石墨

---

① 1 英寸(in)=2.54 厘米(cm)。

烯质量较高,可实现大面积生长,而且较易于转移到各种基体上,应用广泛。

科学家也在探索在半导体或绝缘基底上生长石墨烯,如蓝宝石衬底、Si/SiO₂衬底、氮化硼衬底等。蓝宝石衬底上生长石墨烯的迁移率已大于 2 000 cm²/(V·s)。PECVD 在工业生产中应用广泛,PECVD 生长所需的温度低于热 CVD。在高频电压作用下,低压气体被电离形成等离子体,等离子体中电子和气体分子之间产生非弹性碰撞形成活性物质,PECVD 利用这些活性组分沉积实现低温生长。2004 年研究人员报道了用 RF‑PECVD 在 680℃ 下在各种基底上制备出单层和少层石墨烯。

(2) 碳化硅基外延生长法

碳化硅基外延法生长石墨烯薄膜直接在商品化的 SiC 基底上外延生长,生长的石墨烯可以使用标准的纳米刻蚀技术进行加工,不需要转移石墨烯,可直接应用于微电子器件的制作,与目前的半导体工艺技术相兼容。此外,碳化硅基外延石墨烯,其电学性质与微机械剥离制得的单层石墨烯相类似,因此,非常适合于电子器件。

SiC 高温热解法制备碳化硅基外延石墨烯的基本原理是将具有(0001)面(Si 面)或(000$\bar{1}$)面(C 面)的 SiC 在高真空中加热到 1 000℃ 以上,由于 Si 原子的饱和蒸气压比 C 原子的大得多,Si 原子会被首先蒸发掉,留下的表面 C 原子发生重构,最后形成石墨烯薄膜(图 6‑19)。经研究发现,在 SiC 衬底的 Si 极性面(0001)和 C 极性面(000$\bar{1}$)均可制备石墨烯。C 面生长的石墨烯具有相对较高的迁移率,但是其厚度较难控制,且存在无序转动等缺陷。在 Si 面可生长大尺寸、层数可控的单层或少层的有序排列的石墨烯材料,因此研究学者在早期主要研究 Si 面 SiC 衬底热解石墨烯。该方法得到的石墨烯具有较高的电子迁移率,但受 SiC 衬底影响较大。

2006 年,美国加州理工学院的 Heer 教授首次运用 SiC 高温热解法制备出石墨烯材料。同年,美国的 Berger 等,在 Si 面 SiC 衬底上外延单层石墨烯[21]。2009 年,Emtsev 等采用在 Ar 气氛中热解 SiC 技术,可以很好控制石墨烯的形成过程,在 SiC 衬底硅面上得到单层占优的石墨烯,石墨烯的室温迁移率达到

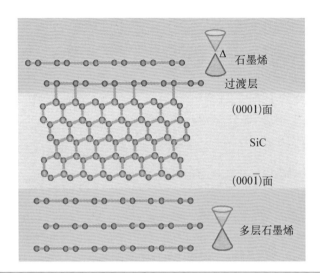

图 6 - 19
SiC 高温热解法制备碳化硅基外延石墨烯的示意图[20]

图中标注：石墨烯、过渡层、(0001)面、SiC、(000$\bar{1}$)面、多层石墨烯、Δ

930 cm^2/(V·s)[22]。Si 面 SiC 热解石墨烯载流子迁移率较低[约 1 000 cm^2/(V·s),室温],这是由于 Si 面 SiC 衬底上制备的石墨烯与衬底之间存在一个 $6\sqrt{3}\times6\sqrt{3}R30°$结构的界面层(被称为过渡层或零层石墨烯)。2009 年 Riedl 等[23],通过氢原子插入 SiC 与石墨烯间界面处,打开衬底与过渡层间的共价键,并与 SiC 表面 Si 原子悬键键和,使石墨烯脱离衬底的束缚,转变为"近自由态"的石墨烯。F. Speck 等发现过渡层转变为石墨烯层后,室温载流子迁移率大幅提高,达到 3 100 cm^2/(V·s)[24],表明石墨烯层与 SiC 衬底的相互作用变弱。"近自由态石墨烯"为 p 型掺杂(空穴浓度 10^{13}/cm^2),Ristein 等将"近自由态"石墨烯 p 型掺杂的来源解释为 SiC 衬底的自发极化造成的[25]。

与 Si 面衬底相比,在 C 面 SiC 衬底上生长的石墨烯,石墨烯与衬底以较弱的范德瓦尔斯力结合,由于受衬底的散射较小,其迁移率相对较高,但是在 C 面生长的石墨烯均匀性一直制约着其在器件制备的应用。2009 年,美国宾夕法尼亚大学的 Joshua 等在 C 面 SiC 衬底制备出晶圆级石墨烯,在尺寸为 10 μm×10 μm 的样品上进行霍尔测试,材料室温迁移率最高达到 18 100 cm^2/(V·s)[26]。2013 年,美国佐治亚理工学院的 Zelei Guo 等在 C 面 4H - SiC 衬底上外延单层石墨烯,经测试,石墨烯载流子类型为 n 型,在室温下,尺寸为 2 μm×4 μm 的霍尔巴样品载流子迁移率为 7 500 cm^2/(V・s)，面密度为 1.6×10^{12}/cm^2，但 1 cm×1 cm 样品的霍尔迁移率只有 2 000 cm^2/(V・s)[27]。

在 SiC 衬底上利用化学气相沉积法，通入外加碳源，可以直接外延石墨烯。2009 年，波兰华沙大学的 W. Strupinski 等首次用 CVD 法在 SiC 衬底上制备了石墨烯材料。2016 年，Tymoteusz Ciuk 等制备了尺寸为 1 cm×1 cm 的近自由态单层石墨烯样品室温迁移率为 6 600 cm^2/(V・s)，面密度为 8×10^{12}/cm^2，这是目前厘米级石墨烯材料迁移率报道的最高结果[28]。

国内也有很多科研院所开展了碳化硅外延石墨烯材料相关研究。中国电科 13 所刘庆彬等采用 4 in SiC 热解实现石墨烯材料，室温载流子迁移率为 4 078 cm^2/(V・s)，载流子面密度为 1.0×10^{13}/cm^2，方阻为 136 Ω/□，方阻不均匀性为 8.89%。

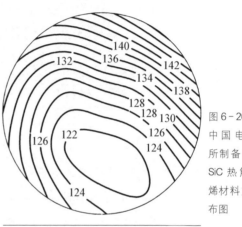

图 6-20
中国电科 13
所制备的 4 in
SiC 热解石墨
烯材料方阻分
布图

6.2.2 石墨烯太赫兹器件与电路

在射频（RF）半导体电子器件领域，研究人员在寻找高迁移率的新材料以实现太赫兹频段（0.3～3 THz）的晶体管。石墨烯通过简单的控制外加栅压，可实现载流子浓度和载流子类型的连续调控。由于石墨烯的二维特性和超高载流子迁移率，石墨烯是实现高速晶体管的理想选择。理论计算表明，栅长为 50 nm 的石墨烯晶体管器件的截止频率可大于 1 THz。下文对石墨烯场效应晶体管、石墨烯射频电路和石墨烯太赫兹探测器相关研究进行详细介绍。

1. 石墨烯场效应晶体管

目前，研究最多的石墨烯晶体管器件为常规的 MOSFET 器件，结构如图 6-21 所示。

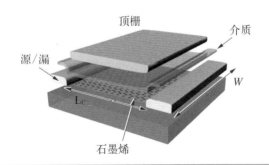

图 6-21
石墨烯晶体管
结构示意图

　　与常规半导体不同,石墨烯为零带隙准半导体,常规半导体都有带隙。石墨烯 FET 器件的工作原理是通过外加栅压改变沟道内的载流子面密度。当在石墨烯 MOSFET 上施加正栅压,石墨烯的费米面移动到导带中的位置,石墨烯沟道表现为 n 型传导。减小栅压,费米面向下移动,电子浓度减少,漏电流减小。在某一栅压时,费米面到达狄拉克点,此时载流子浓度和漏电流最小,但是不为 0,这是由于石墨烯中不可避免存在缺陷产生电子-空穴泡,使狄拉克点位置有残留电导。在狄拉克点导电类型由 n 转为 p。在负栅压时,沟道为 p 型导电,漏电流再次增大。该现象称为双极传导,这是石墨烯场效应晶体管(FET)器件的一个重要特性。该现象与常规半导体(如 Si)从根本上不同。常规半导体费米面移动到带隙中时,沟道中载流子密度不断迅速减小,晶体管处于关断状态。由于石墨烯没有带隙,石墨烯晶体管无法关断。通常石墨烯 FET 器件的开关比为 2～10。

　　2007 年,德国的 Lemme 等成功制备了顶栅石墨烯 MOSFET 器件。2010 年,美国 IBM 公司的 Lin 等在 Science 报道在 2 in Si 面 SiC 衬底上制备外延石墨烯,栅介质采用原子层沉积 10 nm 的 HfO_2,栅长 240 nm,石墨烯晶体管的本征电流截止频率 f_T 为 100 GHz[29],器件的最大振荡频率 f_{max} 为 10 GHz。同年,美国加州大学的 Liao 等发表在 Nature 的文章报道利用撕拉法制备石墨烯转移至 Si/SiO_2 衬底,使用 Co_2Si - Al_2O_3 核壳结构纳米线作为栅和栅介质,自对准工艺制作栅长 140 nm 的石墨烯场效应晶体管,晶体管的本征电流截止频率 f_T 最高达到 300 GHz[30]。器件的最大电流密度达到 3.32 A/mm,最大跨导为 1.27 S/mm。但是,器件的实测电流截止频率 f_T 仅为 2.4 GHz,这是由于寄生电容和栅电容比值特别大。

美国加州大学 Liao 等用化学气相沉积在铜衬底上生长大面积石墨烯,并转移至玻璃衬底,通过自对准工艺制备石墨烯晶体管,晶体管寄生参量特别是寄生电容降低,器件实测电流截止频率 f_T 达到 55 GHz,远高于之前报道的结果[31]。

2012 年,美国 IBM 的 Wu 等利用碳化硅基外延石墨烯和化学气相沉积在铜衬底上生长的大面积石墨烯转移至类金刚石衬底同时制备石墨烯晶体管。两种石墨烯晶体管选用不同的栅介质,碳化硅基外延石墨烯晶体管为 n 型,使用 PECVD 生长 Si_3N_4 作为栅介质,转移至类金刚石衬底的石墨烯晶体管为 p 型,使用 ALD 生长 Al_2O_3 作为栅介质。这样的栅介质选择可以降低沟道区掺杂浓度,提升晶体管性能。两种石墨烯晶体管的本征电流截止频率分别达到 350 GHz 和 300 GHz[32]。石墨烯晶体管的最大振荡频率 f_{max} 最高为 44 GHz。他们制作了石墨烯电压放大器,电压增益 3 dB。

美国加州大学的 Cheng 等开发了转移栅工艺来减少器件制备工艺中对石墨烯沟道的损伤,铜衬底上生长的大面积石墨烯转移至 Si/SiO_2 衬底制备的石墨烯晶体管的截止频率 f_T 为 212 GHz(栅长 40 nm),利用撕拉法制备的高质量石墨烯作为沟道的石墨烯晶体管截止频率 f_T 则达到 427 GHz(栅长 67 nm)[33],为迄今为止报道的石墨烯晶体管频率的最高值。但是石墨烯晶体管的最大振荡频率 f_{max} 最高仅为 29 GHz。2013 年美国佐治亚理工学院的 Guo 等利用碳面碳化硅衬底制备高迁移率石墨烯材料,材料载流子迁移率为 8 000 $cm^2/(V \cdot s)$,利用自对准工艺制备石墨烯晶体管,晶体管的最大振荡频率 f_{max} 实测值为 38 GHz,本征值达到 70 GHz[34]。最大振荡频率的提升主要是材料质量提高和寄生参量降低,材料的欧姆接触电阻达到 0.1 $\Omega \cdot mm$。

石墨烯晶体管的本征电流增益截止频率 f_T 研究进展很快,但是最大振荡频率 f_{max} 提升初期很慢。石墨烯晶体管最大振荡频率 f_{max} 低于本征电流增益截止频率 f_T 主要有两方面原因:① 石墨烯晶体管的寄生参量大;② 石墨烯带隙为零,导致石墨烯晶体管漏电流不饱和,漏微分跨导大。

2014 年中国电科 13 所冯志红等报道石墨烯晶体管 f_{max} 值达到 105 GHz[34]。

他们开发了一种新的制备栅场效应晶体管（GFET）的方法，采用预沉积的金薄膜作为保护层来避免器件制备过程中对石墨烯晶格造成的损伤。工艺流程如图 6 - 22 所示，通过电子束蒸发在石墨烯表面沉积 20 nm 金薄膜，通过标准光刻在表面光刻台面，再通过 KI：I_2 溶液湿法腐蚀去除台面外的金薄膜，通过氧等离子体去除台面外的石墨烯。随后，通过三层光刻胶电子束光刻形成 T 栅。T 栅下的金薄膜通过 KI：I_2 溶液腐蚀。然后将样品装入电子束蒸发台蒸发 2 nm Al，并在空气中暴露 10 分钟形成自氧化的介质 Al_2O_3。蒸发 180 nm Al 形成 T 栅。最后进行剥离，在石墨烯上形成 T 型栅。T 栅未覆盖的区域外的金薄膜未被腐蚀，自动形成了边界平滑的自对准源漏欧姆接触。上述改进的自对准制备方法简单易行，并且适用于各种衬底。最重要的是，这种工艺使石墨烯层远离器件制备过程中的化学元素污染、光刻的电子束破坏、扫胶的氧等离子体照射以及表面被空气氧化，对 GFET 性能的提升大有益处。石墨烯射频晶体管同一个器件的 f_{max} 常常比 f_T 低。小的 f_{max} 主要是由于大的栅阻，大的石墨烯/金属接触电阻和器件结构设计没有优化。该报道中报道 GFET 具有很高的且可相比的 f_{max} 和 f_T 值。f_{max} 的一个重要参量为漏微分电阻 g_{ds}。g_{ds} 可通过 $g_{ds} = \dfrac{1}{r_{ds}} = \dfrac{dI_{ds}}{dV_{ds}} \Big|_{V_{gs}=const}$ 计算。漏微分

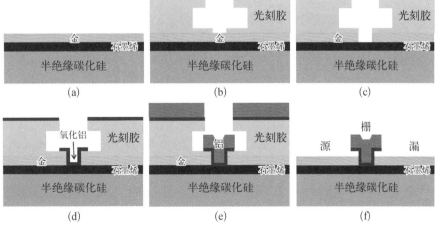

图 6 - 22
中国电科 13
所冯志红等报
道石墨烯晶体
管制备工艺[34]

电阻实现了 g_{ds} 约为 10.34 mS,单位栅宽电阻为 0.65 mS/μm。Han 等研究表明采用薄的栅介质(等效氧化物厚度小于 2 nm),大规模短沟石墨烯 FET 器件的漏电流可以实现完全饱和。GFET 具有 6 nm 厚的栅介质,同时石墨烯沟道非常干净,没有受到任何污染。这些对实现良好的栅耦合和漏电流饱和大有益处,因此获得了低的漏微分跨导 g_{ds}。同时,由于低的接触电阻和通道电阻(短的通道距离约为 100 nm),实现了低 R_S 和 R_d。由于 T 型栅结构,栅电阻 R_g 也非常低。

2016 年,中国电科 13 所蔚翠等采用上述改进的自对准器件工艺,制备了栅长 100 nm 的近自由态双层石墨烯晶体管,晶体管的最大电流密度达到 4.3 A/mm,最大 g_m 为 2 881 mS/mm,本征电流增益截止频率 f_T 实现 407 GHz(图 6 - 23)。[35]

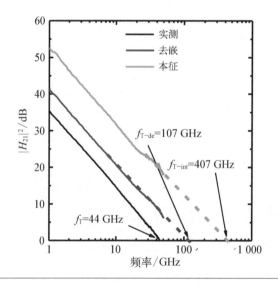

图 6 - 23 中国电科 13 所蔚翠等使石墨烯电流增益截止频率 f_T 实现 407 GHz[35]

2016 年,中国电科 55 所吴云等利用类似的金辅助转移 CVD 石墨烯制作的晶体管 f_{max} 值达到 200 GHz[36]。2017 年,中国电科 13 所蔚翠等进一步提升了石墨烯晶体管性能,最大振荡频率 f_{max} 实测值达到 120 GHz,本征值达到 220 GHz。[37]

2. 石墨烯电路

基于石墨烯的双极传导特性,可制备石墨烯混频、倍频器。这些电路的优势为电路结构简单,比常规晶体管制备的混频、倍频器需要的组元少。2011 年 IBM 在 SiC 衬底上制作的石墨烯混频器电路[38]。该混频器利用石墨烯电流-电压的线性依存关系,输出功率 $P_{out} \propto I_d^2 \propto g_m g_{ds} (V_g - V_{CNP}) V_d$,与栅输入频率 f_{RF} 和本振频率 f_{LO} 相关,与跨导 g_m 和漏跨导 g_{ds} 的乘积成正比。该混频器电路在输入信号 $f_{RF} = 3.8 \, \text{GHz}$,$f_{LO} = 4 \, \text{GHz}$ 时,输出混频信号 $f_{IF} = 200 \, \text{MHz}$,$f_{RF} + f_{LO} = 7.8 \, \text{GHz}$,转换损耗为 $-27 \, \text{dB}$,并且在温度为 $300 \sim 400 \, \text{K}$ 时变化很小(小于 1 dB)。

2012 年 IBM 制作的共源石墨烯电压放大器电路。在栅极加高频信号作为输入,使用频谱分析仪的高阻抗探针测试漏极的电压输出。该集成电压放大器在工作频率 5 MHz 下增益为 3 dB。电路的寄生和集成需要进一步优化。

2013 年 IBM 制作的石墨烯射频接收器电路。该电路为 3 级石墨烯电路,每级由 11 个组元(3 个石墨烯晶体管、4 个电感、2 个电容及 2 个电阻)组成。前 2 级电路为放大器,第 3 级为混频器。射频输入信号 4.3 GHz,本振输入功率 $-2 \, \text{dBm}$ 时,该接收器电路的转换增益为 $-10 \, \text{dB}$,输出的差频信号无失真。

2016 年,中国电科 13 所蔚翠等首次报道了石墨烯低噪声放大器单片集成电路[39]。设计的单级放大器 MMIC 如图 6-24 所示。输入和输出端带线网络,模拟了石墨烯晶体管的输入和输出阻抗。MMIC 的组成如图 6-25 所示。阻抗匹配网络由 $330 \, \mu\text{m}$ 厚的 SiC 衬底上 $2 \, \mu\text{m}$ 厚的金匹配带线组成。石墨烯放大器 MMIC 设计增益为 4.2 dB。

石墨烯放大器 MMIC 及其中的石墨烯晶体管的照片如图 6-25 所示。栅压 0.2 V,漏压 $-1.7 \, \text{V}$ 直接通过 GSG 微波探针加到电路上。测试了小信号 S 参数如图 6-26 所示。实现了 14.3 GHz 下增益 4.3 dB,输入转换损耗 $-22.5 \, \text{dB}$ (S_{11}),输出转换损耗 $-28.4 \, \text{dB}$(S_{22})。测试结果与模拟结果基本一致,表明石墨烯放大器 MMIC 的建模是恰当的。石墨烯放大器 MMIC 的噪声系数在 $12 \sim 16 \, \text{GHz}$ 测试。最低噪声系数 14.5 GHz 下 6.2 dB。这是石墨烯晶体管第一次应用于放大器 MMIC,且可工作在 Ku 波段。

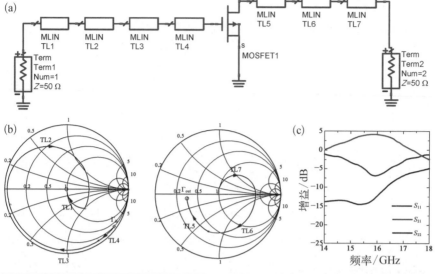

图 6 - 24
(a) MMIC 的组成；(b) Smith 图上模拟的输入输出阻抗匹配；(c) 石墨烯放大器 MMIC 的模拟结果[39]

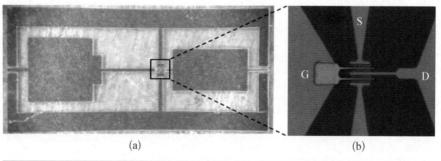

图 6 - 25
石墨烯放大器 MMIC 的照片：(a) 一个石墨烯放大器 MMIC；(b) 石墨烯放大器 MMIC 中的晶体管器件[39]

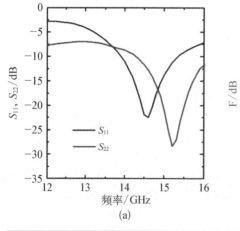
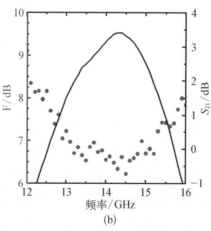

图 6 - 26
石墨烯放大器 MMIC 的 (a) S_{11} 及 S_{22} 及 (b) 噪声系数和 S_{21}[39]

瑞典查尔莫斯大学的 O. Habibpour 等也报道实现了石墨烯放大器单片集成电路,宽带放大器(0～3 GHz)增益为 6～7 dB。

3. 石墨烯太赫兹探测器

石墨烯是一种由碳原子构成的单层片状结构的新材料,由碳原子以 sp^2 杂化轨道组成六角型呈蜂巢晶格的平面薄膜。石墨烯具有与常规半导体异质结二维电子气不同的新奇电学输运特性,主要表现为狄拉克费米子特性、非线性输运特性和双极型电荷输运特性,并且在室温下具有高迁移率和高电子浓度。在石墨烯场效应结构中可在较大的栅压范围内进行载流子浓度及其类型的调制,并且可同时存在电子和空穴两种载流子。石墨烯具有高的电子迁移率,较高的电子浓度,均可达到 $10^{12} \sim 10^{13}$ cm^{-2},响应的等离子体波频率达到 0.2～2.0 THz。因此利用石墨烯制作太赫兹探测器具有明显的优势。

石墨烯具有较高的室温迁移率,当栅极电压和源漏电压处在适当的区间使顶栅两侧石墨烯沟道内分别为电子和空穴参与太赫兹响应,非常适合在室温下进行太赫兹波探测的实验研究。近年来,国际上有多个研究小组已在石墨烯太赫兹探测方面展开了一定的研究。2012 年,L. Vicarelli 在 Nature Materials 杂志上报道了首个基于单层和双层石墨烯场效应管的室温太赫兹波探测器[40]。探测器由石墨烯顶栅场效应晶体管结合螺旋周期天线组成。以潜水波模型为基础,在太赫兹波辐射下,天线耦合太赫兹电场,调控石墨烯中的二维等离子波,从而达到太赫兹探测的目的。室温时,在 0.3 THz 辐射下,单层石墨烯太赫兹探测器电压响应度约为 0.1 V/W,等效噪声功率为 100 nW/Hz$^{0.5}$,双层石墨烯太赫兹探测器电压响应度约为 0.15 V/W,等效噪声功率为 30 nW/Hz$^{0.5}$。2014 年,A. Zak et al.在 Nano Letter 上报道了首个基于 CVD 生长的石墨烯的室温太赫兹波探测器,在 0.6 THz 辐射下,单层石墨烯太赫兹探测器电压响应度提高到 14 V/W,等效噪声功率为 515 pW/Hz$^{0.5}$[41]。同年,中国科学院苏州纳米技术与纳米仿生研究所也成功实现石墨烯场效应太赫兹探测,在 0.2 THz 辐射下,单层石墨烯太赫兹探测器电压响应度为 1 V/W,等效噪声功率为 75 nW/Hz$^{0.5}$。

2017年,中国电科13所与中国科学院苏州纳米技术与纳米仿生研究所合作利用碳化硅衬底外延生长的高质量双层石墨烯、设计高效偶极天线与探测器、采用自对准天线栅极工艺,获得了室温工作的低阻抗高灵敏度石墨烯太赫兹探测器。工作频率0.34 THz的石墨烯太赫兹自混频探测器的电压响应度达到30 V/W,探测器阻抗降低到203 Ω以下,灵敏度50 pW/$\sqrt{\text{Hz}}$,达到了同类探测器中的最高水平[42]。基于该探测器实现了对新鲜树叶的清晰透视成像。后续,团队在前期工作基础上进一步使工作频率提高至650 GHz,并实现了外差混频探测。工作在650 GHz的GFET太赫兹探测器通过集成超半球硅透镜(图6-27),首先通过216 GHz、432 GHz和650 GHz的自混频探测,验证了探测器响应特性与设计预期一致,并对自混频探测的响应度和太赫兹波功率进行了测试定标。在此基础上,实现了本振为216 GHz和648 GHz的外差混频探测(图6-28),实现了本振为216 GHz的2次分谐波(432 GHz)和3次分谐波(648 GHz)混频探测(图6-29)[43]。

图6-27
650 GHz 天线
耦合的 GFET
太赫兹外差混
频探测器[43]

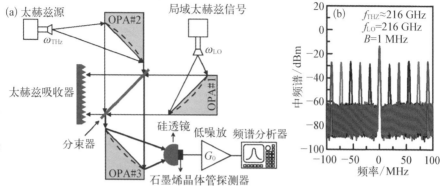

图 6 - 28

(a) 准光耦合外差混频探测示意图；(b) 216 GHz外差混频探测中频频谱[43]

图 6 - 28
(a) 准光耦合外差混频探测示意图；(b) 216 GHz外差混频探测中频频谱[43]

图 6 - 29
(a) 分别采用432 GHz 直接探测和本振为216 GHz 的 2 次分谐波探测对树叶进行的透射成像效果对比；(b) 采用本振为216 GHz 的 2 次分谐波探测对柠檬片的透视成像[43]

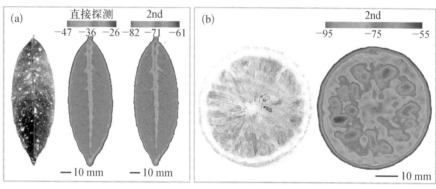

参考文献

[1] Amano H，Akasaki I，Hiramatsu K，et al. Effects of the buffer layer in metal organic vapor phase epitaxy of GaN on sapphire substrate[J]. Thin Solid Films，1988，163：415 - 420.

[2] Dang X Z. Spontaneous and piezoelectric polarization effects in Ⅲ - Ⅴ nitride heterostructures[J]. Journal of Vacuum Science and Technology B，1999，17(4)：1742 - 1749.

[3] Ambacher O，Smart J，Shealy J R，et al. Two-dimensional electron gases induced by spontaneous and piezoelectric polarization charges in N-and Ga-face AlGaN/

GaN heterostructures[J]. Journal of Applied Physics, 1999, 85(6): 3222 - 3233.

[4] Ambacher O, Majewski J, Miskys C, et al. Pyroelectric properties of Al(In) GaN/GaN hetero-and quantum well structures[J]. Journal of Physics: Condens Matter, 2002, 14(13): 3399 - 3434.

[5] Bernardini F, Fiorentini V, Vanderbilt D. Spontaneous polarization and piezoelectric constants in III - V nitrides[J]. Physical Review B, 1997, 56: 10024 - 10027.

[6] Goyal N, Fjeldly, Tor A. Surface donor states distribution post SiN passivation of AlGaN/GaN heterostructures [J]. Applied Physics Letters, 2014, 105 (3): 033511 -(1 - 4).

[7] Denninghoff D, Lu J, Ahmadi E, et al. N-polar GaN/InAlN/AlGaN MIS - HEMTs with 1.89 S/mm extrinsic transconductance, 4 A/mm drain current, 204 GHz f_T and 405 GHz f_max[C]//IEDM, 2013: 197 - 198.

[8] Schuette M L, Ketterson A, Song B, et al. Gate-recessed integrated E/D GaN HEMT technology with $f_\mathrm{T}/f_\mathrm{max}$ > 300 GHz[J]. IEEE Electron Device Letters, 2013, 34(6): 741 - 743.

[9] Fu X C, Lv Y J, Zhang L J, et al. High-frequency InAlN/GaN HFET with f_max over 400 GHz[J]. Electronics Letters, 2018, 54(12): 783 - 785.

[10] Fang Y L, Feng Z H, Yin J Y, et al. Ultrathin InAlN/GaN heterostructures with high electron mobility[J]. Physical Status Solidi B, 2015, 252(5): 1006 - 1010.

[11] Wang Y G, Lv Y J, Song X B, et al. Reliability assessment of InAlN/GaN HFETs with lifetime 8.9×10^6 hours[J]. IEEE Electron Device Letters, 2017, 38 (5): 604 - 606.

[12] Wang R H, Li G W, Karbasian G, et al. Quaternary barrier InAlGaN HEMTs with $f_\mathrm{T}/f_\mathrm{max}$ of 230/300 GHz[J]. IEEE Electron Device Letters, 2013, 34(3): 378 - 380.

[13] Shinohara K, Dean C R, Tang Y, et al. Scaling of GaN HEMTs and schottky diodes for submillimeter-wave MMIC applications [J]. IEEE Electron Device Letters, 2013, 60(10): 2982 - 2996.

[14] Dambrine G, Cappy A, Heliodore F, et al. A new method for determining the FET small-signal equivalent circuit[J]. IEEE Transactions on Microwave Theory and Techniques, 1988, 36(7): 1151 - 1159.

[15] Micovic M, Kurdoghlian A, Hashimoto P, et al., GaN HFET for W-band power applications[C]//IEEE Int. Electron Device Meeting. Dig., 2006: 1 - 3.

[16] Niida Y, Kamada Y, Ohki T, et al. 3.6 W/mm high power density W-band InAlGaN/GaN HEMT MMIC power amplifier [C]//2016 IEEE Topical Conference on Power Amplifiers for Wireless and Radio Applications (PAWR), 2016: 24 - 26.

[17] Kurdoghlian A, Moyer H, Sharifi H, et al. First demonstration of broadband W-band and D-band GaN MMICs for next generation communication systems[C]// Microwave Symposium (IMS), 2017 IEEE MTT – S International, 2017: 1126 – 1128.

[18] Margomenos A, Kurdoghlian A, Micovic M, et al. GaN Technology for E, W and G-band Applications [C]//Compound Semiconductor Integrated Circuit Symposium (CSICs), 2014: 1 – 4.

[19] Geim A K, Novoselov K S. The rise of graphene[J]. Nature Materials, 2007, 6 (3): 183 – 191.

[20] Yu C, Li J, Liu Q B, et al. Buffer layer induced band gap and surface low energy optical phonon scattering in epitaxial graphene on SiC(0001)[J]. Applied Physics Letters, 2013, 102: 013107.

[21] Berger C, Song Z, Li X, et al. Electronic confinement and coherence in patterned epitaxial graphene[J]. Science, 2006, 312: 1191 – 1196.

[22] Emtsev K V, Bostwick A, Horn K, et al. Towards wafer-size graphene layers by atomspheric pressure graphitization of silicon carbide[J]. Nature Materials, 2009. 8: 203 – 207.

[23] Riedl C, Coletti C, Iwasaki T, et al. Quasi-free-standing epitaxial graphene on SiC obtained by hydrogen intercalation [J]. Physical Review Letters, 2009, 103: 246804.

[24] Speck F, Jobst J, Fromm F, et al. The quasi-free-standing nature of graphene on H-saturated SiC(0001)[J]. Applied Physics Letters, 2011, 99: 122106.

[25] Sforzini J, Nemec L, Denig T, et al. Approaching truly freestanding graphene: the structure of hydrogen-intercalated graphene on 6H – SiC(0001)[J]. Physical Review Letters, 2015, 114: 106804.

[26] Robinson J A, Wetherington M, Tedesco J L, et al. Correlating Raman spectral signatures with carrier mobility in epitaxial graphene: A guide to achieving high mobility on the wafer scale[J]. Nano Letters, 2009, 9(8): 2873 – 2876.

[27] Guo Z L, Dong R, Chakraborty P S, et al. Record maximum oscillation frequency in C-face epitaxial graphene transistors[J]. Nano Letters, 2013. 13: 942 – 947.

[28] Ciuk T, Caban P, Strupinski W. Charge carrier concentration and offset voltage in quasi-free-standing monolayer chemical vapor deposition graphene on SiC [J]. Carbon, 2016, 101: 431 – 438.

[29] Lin Y M, Dimitrakopoulos C, Jenkins K A, et al., 100 – GHz Transistors from wafer-scale epitaxial graphene[J]. Science, 2010, 327(5966): 662 – 662.

[30] Liao L, Lin Y C, Bao M Q, et al. High-speed graphene transistors with a self-aligned nanowire gate[J]. Nature, 2010, 467(7313): 305 – 308.

[31] Liao L, Bai J, Cheng R, et al. Scalable fabrication of self-aligned graphene

transistors and circuits on glass[J]. Nano Letters, 2012, 12(6): 2653 – 2657.

[32] Wu Y, Jenkins K A, Valdes-Garcia A, et al. State-of-the-art graphene high-frequency electronics[J]. Nano Letters, 2012, 12(6): 3062 – 3067.

[33] Chenga R, Baia J, Liao L, et al. High-frequency self-aligned graphene transistors with transferred gate stacks[J]. Proceedings of the National Transferred Gate Stacks, 2012, 109(29): 11588 – 11592.

[34] Feng Z H, Yu C, Li J, et al. An ultra clean self-aligned process for high maximum oscillation frequency graphene transistors [J]. Carbon, 2014, 75: 249 – 254.

[35] Yu C, He Z Z, Li J, et al. Quasi-free-standing bilayer epitaxial graphene field-effect transistors on 4H – SiC (0001) substrates[J]. Applied Physics Letters, 2016, 108: 013102.

[36] Wu Y, Zou X, Sun M, et al. 200 GHz maximum oscillation frequency in CVD graphene radio frequency transistors[J]. ACS Applied Materials and Interface, 2016, 8(39): 25645 – 25649.

[37] Yu C, He Z Z, Song X B, et al. Improvement of the frequency characteristics of graphene field-effect transistors on SiC substrate [J]. IEEE Electron Device Letters, 2017, 38(9): 1339 – 1342.

[38] Lin Y M, Garcia A V, Han S J, et al. Wafer-scale graphene integrated circuit[J]. Science, 2011, 332(6035): 1294 – 1297.

[39] Yu C, He Z Z, Liu Q B, et al. Graphene amplifier MMIC on SiC substrate[J]. IEEE Electron Device Letters, 2016. 37(5): 684 – 687.

[40] Vicarelli1 L, Vitiello1 M S, Coquillat D, et al. Graphene field-effect transistors as room-temperature terahertz detectors[J]. Nature Materials, 2012, 11: 865 – 871.

[41] Zak A, Andersson M A, Bauer M, et al. Antenna-integrated 0.6 THz FET direct detectors based on CVD graphene[J]. Nano Letters, 2014, 14(10): 5834 – 5838.

[42] Qin H, Sun J, Liang S, et al. Room-temperature, low-impedance and high-sensitivity terahertz direct detector based on bilayer graphene field-effect transistor [J]. Carbon, 2017, 116: 760 – 765.

[43] Qin H, Sun J, He Z Z, et al. Heterodyne detection at 216, 432, and 648 GHz based on bilayer graphene field-effect transistor with quasi-optical coupling[J]. Carbon, 2017, 121: 235 – 241.

索引

M

脉冲直流测试　175—179

模块测试　175,198—201

模型建立　84,175

P

平面结构　52,53,191

Q

去嵌入技术　195

S

石墨烯　10,11,83,207,221—231,
　233,234

石墨烯场效应晶体管　226,227

石墨烯电路　231

矢量网络分析仪　18,175,181,197

SOLT 校准　182,185,187

T

太赫兹固态倍频器　6

太赫兹固态低噪声放大器　8,141

太赫兹固态功率放大器　6,158

太赫兹固态探测器　8

太赫兹固态源　6,46

太赫兹无线通信　11,111,114,115

太赫兹异质结场效应晶体管　125

TRL 校准　185—189,194

X

肖特基接触　17,19—24,26,27,
　32—34,114,130—132

小信号 S 参数测试　181,182,215

Z

在片测试　35,36,180,185,188,
　192,193

直接带隙　97

直流参数分析仪　178,179